普通高等教育新工科智能制造工程系列教材

智能检测工程

主编　喻彩丽
参编　张　亚　蒋晓英

机械工业出版社

本教材是为了适应我国卓越工程师教育培养计划和工程实践教学改革的需要，根据 21 世纪人才培养模式的新变化，针对中德合作高层次应用型创新人才培养的特点而编写的。本教材从训练学生的工程实践及应用能力出发，以培养综合创新思维为目标，以及为机械工程实践教学改革提供基本思路。

通过本教材的学习，使学生获得产品几何量测量工程和智能检测系统和仪器设备应用两方面的基本知识、基本理论和相关的工程训练能力。进一步学会运用国家标准、产品几何技术规范（GPS）、几何公差等标准；掌握机械设计过程中的误差知识，并学会分析、计算、处理几何误差；熟悉几何公差的基本内容，并能按照产品几何技术规范，把公差要求正确地标注在图样上；具备根据机器设备、机构部件的功能要求确定产品各类公差及所需配合的能力。

本教材内容涉及"工程制图""机械设计基础""智能制造工程""机械精度设计与测量""工程力学""机械加工与工艺分析""数字化检测技术与智能制造"等专业主干课程相关内容，以满足教师针对不同阶段和不同层次学生的工程实践教学的需要。

本教材可作为高等院校机械设计与制造、机械设计及自动化、机械设计与装备、车辆工程、材料成型及控制，以及其他相关专业的工程应用教材，也可作为研究生及其他专业人员的参考书或培训教材。

图书在版编目（CIP）数据

智能检测工程/喻彩丽主编. —北京：机械工业出版社，2023.1
普通高等教育新工科智能制造工程系列教材
ISBN 978-7-111-72368-4

Ⅰ.①智… Ⅱ.①喻… Ⅲ.①自动检测-高等学校-教材 Ⅳ.①TP274

中国国家版本馆 CIP 数据核字（2023）第 021800 号

机械工业出版社（北京市百万庄大街 22 号　邮政编码 100037）
策划编辑：余　皞　　　　　责任编辑：余　皞
责任校对：肖　琳　李　婷　封面设计：张　静
责任印制：郜　敏
中煤（北京）印务有限公司印刷
2023 年 5 月第 1 版第 1 次印刷
184mm×260mm · 10.5 印张 · 254 千字
标准书号：ISBN 978-7-111-72368-4
定价：39.00 元

电话服务　　　　　　　　　网络服务
客服电话：010-88361066　　机　工　官　网：www.cmpbook.com
　　　　　010-88379833　　机　工　官　博：weibo.com/cmp1952
　　　　　010-68326294　　金　书　　　网：www.golden-book.com
封底无防伪标均为盗版　机工教育服务网：www.cmpedu.com

前　言

社会发展与科学技术的进步客观上要求现代工科院校的教育回归工程、教学回归实践，而实践是能力形成与提高的重要途径。本教材是根据教育部卓越工程师培养要求，并结合高等工科院校培养应用型、创新型工程技术人才的工程教学特点编写的，其主要特色和创新点如下：

（1）产品几何量测量技术和工程实践应用并重，基本工程实践项目与创新性设计实践项目构思独特、体系完整、内容丰富。工程实践项目的安排与项目内容的设置合理，便于实践项目的有效落实。

（2）在工程实践项目上，以工程应用为背景，让学生通过应用相关产品几何技术规范（GPS）、几何公差等标准掌握机械设计制造过程中的误差知识，并学会分析、计算、处理几何误差；熟悉几何公差的基本内容，能够正确地运用几何公差标准，并能按照产品几何技术规范，把公差要求正确地标注在图样上。本教材注重实践与理论的联系，以培养并帮助学生从基础实践能力过渡到综合设计能力，进一步拓展学生的实践创新和研究能力。本教材通过归纳整理理论知识，以进一步指导实践的完整过程，为学生独立思考、协同工作，以及善用所学知识分析和解决工程问题提供帮助。

（3）在基本要求上，通过学习本教材使学生对各种机械加深认识，并将理论与实践相结合，从而验证、巩固和发展课堂教学中的相关理论。着重培养学生的工程意识、创新精神，增强学生的工程实践能力；培养学生的劳动观念、自我管理能力，以及在团队中承担个体责任并开展团队合作的能力，培养学生理论联系实际，学以致用；使学生具有一定的质量、安全、环保意识和职业素养，拥有较为系统的工程实践学习经历。

本教材共9章：第1章为绪论；第2~6章为第1篇——几何测量工程，主要阐述了几何量测量方法，以及机械设计制造过程中的误差知识，并对相应的误差进行分析、计算、处理；第7~9章为第2篇——智能检测技术，包括数字化检测技术、光学量仪集成测量、计算机测试系统与虚拟仪器等。本教材由浙江科技学院喻彩丽老师任主编，张亚、蒋晓英参加了编写工作。

限于编者的水平，书中错误及疏漏之处在所难免，恳请广大读者批评指正。

编　者

目　录

第1章

绪　论

1.1　GPS 标准的历史和未来前景

1.1.1　现代 GPS 标准体系——数字化制造规范

1. GPS 的定义

GPS 英文全称为 Geometrical Product Specifications，即为产品几何技术规范。GPS 标准是规范所有几何形体产品的一套几何技术标准，包含以下方面的内容。

1）几何公差、表面特征等几何精度规范。

2）相关的检验原则、测量器具要求和校准规范。

3）基本表达和图样标注的解释。

4）不确定的评定和控制。

GPS 标准贯穿于产品从设计制造到应用如开发、设计、加工、检验、使用、维修、报废等的全过程。GPS 标准体系由全国产品尺寸和几何技术规范标准化技术委员会（SAC/TC 240）提出并归口；SAC/TC 240 是在全国公差与配合专业标准化技术委员会、全国形位公差专业标准化技术委员会及表面特征及其计量学专业标准化技术委员会国内技术归口工作的基础上组建的。SAC/TC 240 对口 ISO/TC 213。

2. GPS 标准是规范所用几何形体产品的一套几何技术标准

凡有尺寸大小和形状的产品都是几何产品，包括机械电子、仪器仪表、计算机和信息技术、航空航天、交通运输、家用电器、机器人、半导体和生物工程等产品，既有传统机械产品也有高新科技和创新技术产品。GPS 标准的应用涉及国民经济的各个部门和几乎所有的学科。

全球 70 多亿人几乎都是 GPS 标准的直接用户或间接用户。几乎所有的企业在设计产品时都会考虑几何形状的公差，并使用测量仪器以保证产品的可用性。这些产品的生产应用均需要 GPS 标准支持，人们使用 GPS 标准可进行设计、加工、检验和质量管理。

1.1.2　GPS 标准发展历程

1. 第一代 GPS 标准体系

第一代 GPS 标准体系，如图 1-1 所示。

第一代 GPS 标准体系：第一代 GPS 标准体系包括原 3 个技术委员会颁布的约 60 多项国际标准，这些标准也称为第一代 GPS 标准体系。第一代 GPS 标准体系包括产品的尺寸、公

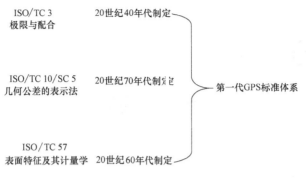

图 1-1　第一代 GPS 标准体系

差、表面特征、测量原理和仪器标准，是一套传统的产品几何标准与检测规范。它提供了产品设计、制造及检验的技术规范，但没有建立它们彼此之间的联系。

第一代 GPS 标准体系的缺陷：以第一代 GPS 标准体系为基础制定的设计规范没有考虑生产过程中实际工件的多变性，缺乏表达各种功能和控制要求的图形语言，图样不能充分地精确表述对几何特征误差控制的要求，从而造成功能要求失控；检验过程由于缺乏误差控制的设计信息，使得合格性评定缺乏唯一的准则，从而造成测量评估失控。第一代标准体系缺乏功能要求、设计规范及测量评定方法等相关信息之间准确的表达和系统的传递方法，造成设计和功能的不一致、检验与设计的不统一，这成为阻碍产品精度进一步提高的直接原因。

2. 现代 GPS 标准体系

鉴于上述原因，国际标准化组织于 1996 年成立了 ISO/TC 213，即产品尺寸和几何规范及检验（Dimensional and Geometrical Product Specifications and verification）技术委员会。ISO/TC 213 正致力于发展基于新一代 GPS 标准体系的现代 GPS 标准体系。现代 GPS 标准体系将着重于提供一个更加清晰的几何公差定义和一套范围较宽的评定规范体系，来满足几何产品的功能要求。它将成为信息时代集产品几何设计与检验认证于一体的新型全球规范，标志着标准和计量进入了一个新的时代。

新一代 GPS 标准体系的特征：蕴含了工业化大生产的基本特征，反映了技术发展的内在要求，为产品技术评估提供了"通用语言"。产品技术评估过程如图 1-2 所示。GPS 标准体系框架的构成如图 1-3 所示。

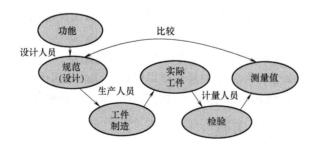

图 1-2　产品技术评估过程

（1）GPS 基本标准　指用于确定 GPS 标准的基本结构和公差基本原则的标准。

（2）GPS 综合标准　指用于确定综合概念和规则的通用标准，是 GPS 标准的主体，包括不同几何特征从设计、制造到检验的一整套标准规范。

（3）GPS 通用标准 GPS 标准体系的主体，包括不同几何特征，是从设计、制造到检验的一整套标准规范。

（4）GPS 补充标准 对 GPS 通用标准在要素特定范畴的补充。

GPS基础标准体系 ⎧ GPS基本标准
GPS综合标准
GPS通用标准
GPS补充标准 ⎭

图 1-3　GPS 标准体系框架的构成

1.1.3　GPS 数字化技术

1）GPS 数字化技术是实现数字化设计与计量的基础。

新一代 GPS 标准体系用数学作为基础语言结构，以计量数学为根基。整个 GPS 标准体系中，数学的描述、定义、建模及信息传递"无所不在"，数学应用的系统化程度是前所未有的。这些都是过去以几何学为基础的技术标准中完全没有的全新概念。

第一代 GPS 标准对产品几何要素的分类和描述相对简单，但存在很大缺陷，与计算机辅助设计技术和坐标测量技术不相适应，不能满足现代 GPS 标准体系的要求。

新一代 GPS 标准通过表面模型、恒定类、操作等概念的引入，实现几何要素从定义、描述、规范到实际检验评定中数字化控制功能的飞跃，这样便解决了产品生产制造中数学表达较难统一和规范的难题。产品表面模型描述如图 1-4 所示。

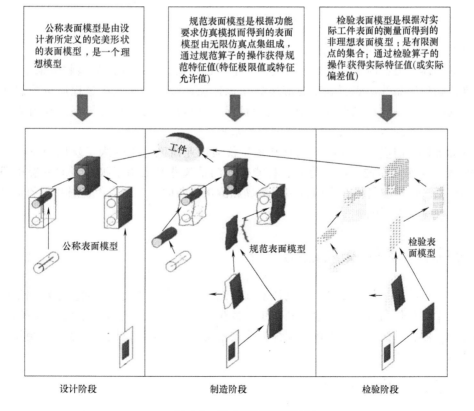

图 1-4　产品表面模型描述

2）GPS 标准系统的表面模型需要由相应产品的"几何要素"和"几何特征"予以定义和描述。

几何要素，即构成工件几何特征的点、线和面，在工件的规范、加工和认证过程中扮演着重要的角色。工件的规范表现为对具体要素的要求，工件的加工表现为具体要素的形成，而工件的认证表现为对具体要素的检验。如图 1-5 所示为产品设计过程，功能控制环，如图中环线 1 所示，通过操作算子进行不确定度管理，具体如图中环线 2 所示。

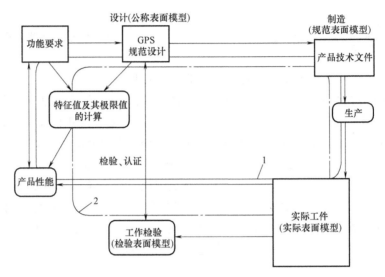

图 1-5　产品设计过程

3）GPS 标准体系对我国制造业产生了重大影响。

GPS 标准体系为我国制造业的产品设计、生产过程质量控制和产品验收带来全新观念。GPS 标准体系使产品的功能要求能更好更确切地体现在图样上，生产过程质量控制和产品验收更加规范，产品的功能要求和最终质量目标、成本目标可以更好体现。我国的工程设计、制造、质量管理和检测认证将发展到更高水平。

GPS 标准体系的应用为我国的量具和测量仪器产业研究开发带来了发展前景，特别是遵循 GPS 相关标准要求的、功能化的、智能化的测量仪器又增添了很多新的发展机遇；将推动我国包括三坐标测量机在内的数字化量具和测量仪器的生产和应用，对我国的量具和测量仪器产业产生重大影响。

1.2　检测技术的发展趋势

随着计算机技术、数控技术、光电技术和检测传感技术的发展，检测技术特别是计算机辅助检测技术在现代制造业中的地位和作用已发生了很大变化，并取得了前所未有的发展。计算机辅助检测技术的发展主要体现在提高检测精度、扩大检测范围，以及将检测技术与其他功能技术相集成 3 个方面。

1.2.1　检测精度

计算机辅助检测技术发展初期，主要是借助传统的三坐标测量机来测量的，但由于传统的测量机（CMM，Coordinate Measuring Machine）只能用于硬质工件的检测，而且检测过程中需要与工件接触，会带来累积误差。因此，随着机器视觉技术、传感器技术等的发展，非接触式扫描技术已被广泛应用于计算机检测过程中，大大提高了检测效率。随着人们对产品质量的要求越来越高，对工件加工精度和检测精度的要求也日益提高，纳米测量机诞生并发展成熟，使得测量精度又有一个很大的提升。

1.2.2　检测范围

在 CAD 三维软件问世之前，人们只是用二维的 CAD 软件来进行传统的正向设计。那时的检测范围也停留在二维坐标世界里。随着 CAD 三维软件的问世和不断发展到如今的广泛应用，检测技术也随之慢慢成熟。借助计算机辅助检测技术中的相关软件对实际零部件进行检测，可以得到其完整的 3D 偏差尺寸及任意指定的 2D 截面误差，进而实现零部件的全面数字化检测。

除了在空间范围方面计算机辅助检测技术有所拓展外，在尺寸范围方面该技术也有所扩展。大尺寸工件和装配件的检测需求对计算机辅助检测技术提出了新的要求。如今的检测系统的尺寸范围也是越来越大，如目前的大尺寸三坐标测量机可以检测十几米以上的产品。

在小尺寸检测方面，随着计算机集成技术的不断发展，电子类产品的集成电路芯片尺寸也越来越小，因此微型测量机随之迅速发展。不仅如此，近年来纳米测量机的出现，也体现了计算机辅助检测技术在检测范围方面实现了微型化。人们可以在传统测量方法的基础上，应用先进的纳米测量机解决应用物理和微细加工中的纳米测量问题，从而分析各种测试技术，并提出改进的措施和新的测试方法。

1.2.3　检测功能集成

检测技术除了须满足精度指标外，还需具有高速度、高柔性、很强的数据处理和适应现场环境的能力。由此，检测技术的功能集成不仅要体现在其检测仪器内部的功能集成方面，更重要的是体现在检测设备与外部设备的功能集成方面。

检测设备之间的功能集成是为了满足多种检测需要而形成的。在实际检测或逆向工作中，根据工件几何形状的复杂程度和特点，有时需要采用不同的测量手段进行测量，以获得较好的测量结果。对于普通曲面形状的工件而言，激光扫描测量采集速度就很快，效率很高；而对于需要精确定位的工件检测来说，接触式测量则能发挥其精度高、准确性好的优势。因此，不同测量手段的各种差异性和互补性在一定程度上促进了计算机辅助检测技术的集成化发展，即所采用的检测仪器之间实现功能集成。

1.3　新技术在长度计量中的应用

1.3.1　激光在长度计量中的应用

20 世纪 60 年代初，激光的出现引起了光学技术的飞跃式发展。激光由于具有高单色性及方向性、强相干性，在长度计量中很快得到应用。激光量块干涉仪、激光线纹比长仪、激光平面干涉仪、激光小角度测量仪、双频激光干涉仪、激光丝杠测量仪等激光技术的广泛应用，对长度计量有关参量的确定、标准计量器具的选取、测量准确度和工作效率的提高均起到重要作用。

1.3.2　光栅在长度计量中的应用

早在几个世纪前，法国的丝绸工人发现用两块薄的绸布叠在一起能产生绚丽的花纹，并将这种花纹称为莫尔（Moire）条纹。在一百多年前，光栅已被应用于光谱分析中，其主要利用的是光栅的衍射现象。这种光栅节距很小，一般为 $0.2 \sim 0.5 \mu m$，称为物理光栅。直到 20 世纪 50 年代，在国外有人将光栅应用于机床和计量方面，其主要利用的是光栅的莫尔条纹现象，通常是将两块光栅叠合在一起形成莫尔条纹。此类光栅相对线条较宽，节距较大，一般为 $0.002 \sim 0.25 mm$，最常用的是 $0.01 \sim 0.05 mm$ 节距的光栅，称为计量光栅。

光栅的主要特点是容易实现数字读数和动态测量，还具有抗干扰性强、输出信号大、稳定性好等优势。光栅在长度计量中得到广泛的应用，如三坐标测量机、光栅测长仪、光栅测角仪等。采用光栅作为标准器件代替原来的线纹尺和度盘，提高了仪器的准确度，并实现了自动测量。

1.3.3　感应同步器在长度计量中的应用

感应同步器是应用电磁感应原理进行测量的一种传感器元件。感应同步器按其运动方式的不同分为直线式和旋转式两种。前者用于长度测量，后者用于角度测量。不论哪种感应同步器都包括固定部分和运动部分，对于旋转式则称为定子和转子，对于直线式则称为定尺和滑尺。

感应同步器的特点和应用如下。

1）准确度高。感应同步器有多级结构，与光栅类似，有平均效应的特点和误差补偿的作用。其对应级数越多，平均效应越好，准确度越高。对于旋转式感应同步器，转子和定子绕组的直径越大，电磁耦合度也越大，因此，准确度也越高。

2）抗干扰性强。这是因为定尺和滑尺（对于旋转式的为定子和转子）绕组的阻抗一般都很低。因此，感应同步器在使用中不易受电火花等的影响。另外，它是利用电磁感应原理进行工作，并根据正弦和余弦两绕组的电压或相位进行比较测量的，其耦合度主要取决于磁通量的变化率，因此，基本上不受电源波动的影响。

3）对使用环境要求低。与光栅、激光等相比，感应同步器基本不受温度、湿度、气压和油污的影响，安装要求相对较低。此外，直线式感应同步器可采用接长技术，测量范围大，调整也相对方便。

由于感应同步器具有上述特点，因此感应同步器作为计量仪器的分度元器件应用很广，如三坐标测量机、数显分度台、电子经纬仪等。除此以外，感应同步器还可在机械制造业中用于坐标镗床、车床等机床。旋转式感应同步器在航空、航天、航海和军事设施中应用更广，可用于中远程导弹的发射、瞄准和制导中，远程弹道导弹、激光雷达的传感器中，还可用于卫星跟踪、洲际导弹、无线电望远镜跟踪、导航等设备中的高精度、高速度控制系统中。

未来，测量领域将推动"以质量为核心的智能制造"技术的发展，进而打造完整的智能制造生态系统，实现覆盖设计、生产及检测的全生命周期闭环管理，以建设绿色、高质量、低成本的智能工厂。

第1篇 几何测量工程

机械制造中几何测量工程主要研究的内容是工件几何参数的测量和检验。

测量就是把被测量(如长度、角度等)与具有测量单位的标准量进行比较的过程。一个完整的测量过程应包括以下内容。

1)测量对象:指几何量,即长度、角度、几何误差及表面粗糙度等。

2)测量单位:长度单位有米(m)、毫米(mm)、微米(μm);角度单位有度(°)、分(′)、秒(″)。

3)测量方法:测量时所采用的测量原理、测量器具和测量条件的总和。测量条件是测量时工件和测量器具所处的环境,如温度、湿度、振动和灰尘等。测量时的标准温度为20℃。通常情况下,计量室的温度应控制在$20 \pm (0.05 \sim 2)$℃,精密计量室的温度应控制在$20 \pm (0.03 \sim 0.05)$℃,同时还要尽可能使被测工件与测量器具在相同温度下进行测量。计量室的相对湿度以50%~60%为宜,测量时应远离振动源,并保持室内较高的清洁度等。

4)测量精度:指测量结果与工件真值的接近程度。

检验是判断被测量工件是否在规定的公差范围内,通常不一定要求得到被测量的具体数值。

测量工程的基本任务:①建立统一的计量单位,并复制成为标准形式,确保量值传递;②拟订合理的测量方法,并采用相应的测量器具使其实现;③对测量方法的精度进行分析和评估,正确处理测量所得的数据。

第**2**章

长度尺寸测量

2.1 立式光学计测量

2.1.1 测量目标

1) 掌握立式光学计的测量原理与操作方法。
2) 熟悉量规公差标准及精度评定。
3) 掌握量块的正确使用与维护方法。

2.1.2 测量设备及测量内容

1. 测量设备

1) 投影立式光学计，主要技术参数：分度值 0.001mm，示值范围 ±100μm，测量范围 0~180mm。

2) 数显式立式光学计，主要技术参数：测量范围 0~180mm，分辨率 0.0001mm，示值范围 ±0.1mm，示值误差 ±(0.1μm+0.001A)，其中 A 为示值，单位 μm。

3) 量块（83块）及其附件。

2. 测量内容

以量块为标准量，采用投影立式光学计用相对法测量塞规通、止端的外径误差。数显式立式光学计除了可以用于测量精密轴类工件直径误差外，可以鉴定 5 等和 6 等量块。

2.1.3 仪器及测量原理

用投影立式光学计测量塞规通、止端的外径误差时，一般采用相对测量法。首先，根据被测件（塞规）的公称直径 D_0 组合相应的量块组作为标准量，调整仪器的零位；然后，在仪器上测量出被测工件直径与公称直径 D_0 的偏差值 ΔL；最后，根据公称直径 D_0 及测得的偏差值 ΔL 求出被测量工件直径 D，即 $D = D_0 + \Delta L$。

1. 投影立式光学计

投影立式光学计是一种结构简单而精度较高的常用光学测量仪器，它利用标准量块与被测工件相比较的方法来测量工件外形的误差值，是工厂计量室、车间鉴定站或制造量具、工具与精密工件的车间常用的精密仪器之一，其可以鉴定量块及高精度的圆柱形量规，对于圆柱形、圆球形等工件的直径或样板工件的厚度以及外螺纹的中径均能进行比较测量。

投影立式光学计的测量原理如图 2-1 所示。由 15W 白炽灯泡 1 发出的光线经过聚光镜 2

和滤色片 6，再通过隔热玻璃 7，照亮分划板 8 的刻线面，光线通过反射棱镜 9 后射向准直物镜 12。由于分划板 8 的刻线面置于准直物镜 12 的焦平面上，因此成像光束通过准直物镜 12 后成为一束平行光入射于平面反光镜 13 上。根据自准直原理，分划板 8 刻线的像被平面反光镜 13 反射后经过准直物镜 12，再被反射棱镜 9 反射成像在投影物镜 4 的平面上，然后通过投影物镜 4、直角棱镜 3 和反光镜 5 成像在投影屏 10 上。使用时，通过读数放大镜 11 观察投影屏 10 上的刻线像即可读图。

当测帽 15 接触工件后，其测量杆 14 移动一定距离并使平面反光镜 13 摆动一个角度，在投影屏 10 上就可以看到刻线的像也随着移动了一定的距离，因此可视为光学杠杆，其传动比示意图如图 2-2 所示。

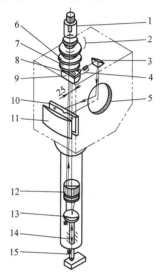

图 2-1　投影立式光学计的测量原理

1—15W 白炽灯泡　2—聚光镜　3—直角棱镜　4—投影物镜
5—反光镜　6—滤色片　7—隔热玻璃　8—分划板
9—反射棱镜　10—投影屏　11—读数放大镜
12—准直物镜　13—平面反光镜　14—测量杆　15—测帽

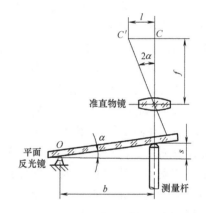

图 2-2　光学杠杆传动比示意图

设测量杆移动的距离为 s，测量杆轴线至平面反光镜的摆动轴线原点 O 的距离为 b，平面反光镜以 O 为轴线摆动的角度为 α，因此 $\tan\alpha = s/b$，所以 $s = b\tan\alpha$。

又设入射在平面反光镜上的准直物镜焦距为 f，根据反射定律，当平面反光镜转动角为 α 时，其反射光线与入射光线夹角应为 2α，因此 C 点移动到 C' 点。设 $CC' = l$，因为 $\tan 2\alpha = l/f$，所以 $l = f\tan 2\alpha$。

由此可得，光学杠杆的传动比

$$K = \frac{l}{s} = \frac{f\tan 2\alpha}{b\tan\alpha}$$

由于 α 很小，可近似认为 $\tan 2\alpha \approx 2\alpha$，$\tan\alpha \approx \alpha$，故得

$$k = \frac{2f}{b}$$

假设投影物镜放大率为 V_1，读数放大镜放大率为 V_2，则投影光学计的总放大率

$$n = KV_1V_2 = \frac{2f}{b}V_1V_2$$

选取 $f = 200\text{mm}$，$b = 5\text{mm}$，$V_1 = 18.75$，$V_2 = 1.1$ 时，可得总放大率

$$n = \frac{2 \times 200}{5} \times 18.75 \times 1.1 = 1650$$

因此可知，当测量杆移动一个微小的距离 0.001mm 时，经过 1650 倍的放大后，就能在投影屏上看到 1.65mm 的位移。

投影立式光学计的结构外形如图 2-3 所示，其主要组成部分为投影光学计管，整个光学系统都安装在光学计管内。

光学计管由上部的壳体 12 和下部的测量管 17 两部分组成，上部的壳体 12 内装有隔热玻璃、分划板、反射棱镜、投影物镜、直角棱镜、反光镜、投影屏及读数放大镜等光学零件。在壳体 12 的右侧上部装有调节零位的微动螺钉 4，转动零位微动螺钉 4 可使分划板得到一个微小的位移而使投影屏上的刻线图像迅速对准零位。

测量管 17 插入光学计主体横臂 7 内，其外径为 $\phi28\text{h}6$，在测量管 17 内装有准直物镜、平面反光镜及测量杆，测帽 19 装在测量杆上。测量杆上下移动时，测量杆上端的钢珠顶起平面反光镜，使平面反光镜以杠杆垫板上的另两颗钢珠为摆动轴，而摆动角度为 α，平面反光镜与测量杆是由两个拉伸弹簧牵制的，对测定量块或量规有一定的压力。

测量杆下端露在测量管 17 外，并配有套上各种带有硬质合金头的测帽。测量杆的上下移动是由测帽提升器 18 的杠杆作用驱动，测帽提升器 18 上有一个调整螺钉用来调节上升距离，可以使被测工件很方便地被推至测帽下端，同时在两个拉伸弹簧拉力的作用下，测量头能够与被测工件良好接触。

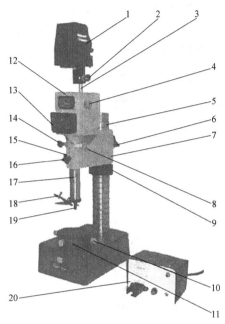

图 2-3　投影立式光学计的结构外形

1—投影灯　2—投影灯底角固定螺钉　3—支柱
4—零位微动螺钉（微调）　5—立柱　6—横臂固定螺钉（粗调锁紧螺钉）　7—横臂　8—微动偏心手轮（中调）　9—旋转螺母（粗调）
10—工作台调整螺钉　11—工作台底盘　12—壳体
13—微动托圈　14—微动托圈固定螺钉　15—光学计管定位螺钉　16—测量管固定螺钉（中调锁紧螺钉）　17—测量管　18—测帽提升器
19—测帽　20—6V/15W 变压器

2. 数显式立式光学计

图 2-4 所示为 JDG-S1 数显式立式光学计，图 2-4a 所示为其结构示意图，图 2-4b 为实物图。

数显立式光学计的主要特点：①采用降压 LED 光源，光源和电气部分发热量极低，热影响小、节能性好；②将传统光学杠杆原理与现代 CCD 数码图像技术相结合，分辨率高，测量示值准确，稳定；③液晶数字显示屏与测量区距离小，便于观测者同时观察测量部位和测量示值，设计人性化；④示值范围大，在标准件与被测件尺寸差异较大的情况下，也能获

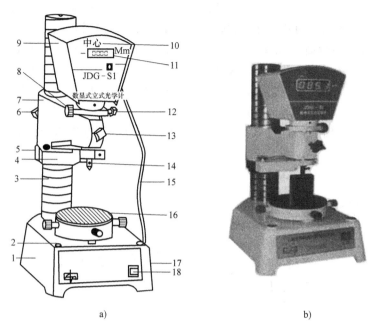

图 2-4 JDG-S1 数显式立式光学计

a）结构示意图 b）实物图

1—底座 2—工作台安置螺孔 3—立柱 4—测帽提升器 5—升降螺母 6—横臂紧固螺钉 7—横臂
8—微动螺钉 9—光学计管 10—中心零位指示 11—数显窗口 12—微动紧固螺钉 13—光学
计管紧固螺钉 14—测帽 15—电缆 16—可调工作台 17—电源插座 18—置零按钮

得准确的测量结果；⑤测量示值采用液晶屏显示，读数方便、舒适；⑥液晶屏上的数字下方具有模拟光标，测量头运动过程明确直观。

数显式立式光学计的计数原理与投影立式光学计有所不同，它是采用光栅刻尺传感器及数字信号处理系统，将测量头的移动量转化为数字并在显示屏上显示出来的，因而测量结果更为直观，提高了测量精度和测量效率。

3. 量块

量块除了具有稳定、耐磨和准确的特性外，还具有黏合性。利用量块的黏合性，可以在一定的尺寸范围内，将不同尺寸的量块进行组合而形成所需的工作尺寸。本教材测量过程中采用国产成套量块 83 块规格的量块，具体尺寸见表 2-1。

表 2-1 成套（83 块）的量块尺寸

尺寸范围/mm	间隔/mm	数量/块	尺寸范围/mm	间隔/mm	数量/块
1.01~1.49	0.01	49	1		1
1.5~1.9	0.1	5	0.5		1
2.0~9.5	0.5	16	1.005		1
10~100	10	10			

量块组合使用时，为了减少累计误差，应该力求量块数最少，一般不超过 4 块。每选择一块量块，至少要消去所需尺寸的最末一位数字。测量时选两块量块组合即可。

量块的正确使用方法：①选择量块，用竹制夹子从量块盒里夹出所需用的量块；②清洗，首先用干净棉花擦洗，再用沾上120#汽油的棉花擦洗，最后用绸布把汽油擦干；③组合，观察确认量块的测量面（图2-5），对大于5.5mm的量块，正对量块刻有公称尺寸的面，其左、右两个面为量块的测量面；对小于等于5.5mm的量块，正对量块刻有公称尺寸的面，其前、后两个面为量块的测量面。对量块进行组合操作时，量块的工作面和工作面组合，以大尺寸的量块为基础，按照次序将小尺寸的量块组合上去。如图2-6所示，首先让量块接触1/3，沿A方向加一个力向B方向推动量块，使两量块逐渐重合，倾斜量块不脱落时，量块组合完毕。

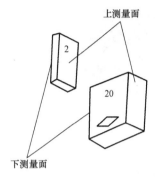

图 2-5　量块的工作面图

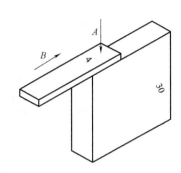

图 2-6　量块的组合操作

A—加力方向　*B*—推进方向

2.1.4　测量步骤

1）熟悉仪器的结构原理。

2）根据被测塞规检验孔的公称尺寸及公差等级，检验 $\phi21H7 \sim \phi28H7$ 的孔用塞规，查表2-2和表2-3，画出检验孔及被测塞规通规、止规的公差带图。

表 2-2　孔的优先公差带的极限偏差数值（摘自 GB/T 1800.2—2020）

公称尺寸/mm		极限偏差/μm									
大于	至	D9	F8	G7	H7	H8	H9	H11	K7	N7	P7
10	18	+93 +50	+43 +16	+24 +6	+18 0	+27 0	+43 0	+110 0	+6 −12	−5 −23	−11 −29
18	30	+117 +65	+53 +20	+28 +7	+21 0	+33 0	+52 0	+130 0	+6 −15	−7 −28	−14 −35
30	50	+142 +80	+64 +25	+34 +9	+25 0	+39 0	+62 0	+160 0	+7 −18	−8 −33	−17 −42
50	80	+174 +100	+76 +30	+40 +10	+30 0	+46 0	+74 0	+190 0	+9 −21	−9 −39	−21 −51
80	120	+207 +120	+90 +36	+47 +12	+35 0	+54 0	+87 0	+220 0	+10 −25	−10 −45	−24 −59

3）选择测帽：测平面或圆柱面用球形测帽，测直径小于10mm的圆柱面用刀口形测帽，测球面用平面测帽。

表 2-3　工作量规的尺寸公差值及其通端位置要素值（摘自 GB/T 1957—2006）

工件尺寸 /mm		IT6			IT7			IT8			IT9			IT10		
大于	至	公差值	T_1	Z_1	公差值	T_1	Z_1	公差值	T_1	Z_1	公差值	T_1	Z_1	公差值	T_1	Z_1
								μm								
—	3	6	1.0	1.0	10	1.2	1.6	14	1.6	2.0	25	2.0	3	40	2.4	4
3	6	8	1.2	1.4	12	1.4	2.0	18	2.0	2.6	30	2.4	4	48	3.0	5
6	10	9	1.4	1.6	15	1.8	2.4	22	2.4	3.2	36	2.8	5	58	3.6	6
10	18	11	1.6	2.0	18	2.0	2.8	27	2.8	4.0	43	3.4	6	70	4.0	8
18	30	13	2.0	2.4	21	2.4	3.4	33	3.4	5.0	52	4.0	7	84	5.0	9
30	50	16	2.4	2.8	25	3.0	4.0	39	4.0	6.0	62	5.0	8	100	6.0	11
50	80	19	2.8	3.4	30	3.6	4.6	46	4.6	7.0	74	6.0	9	120	7.0	13
80	120	22	3.2	3.8	35	4.2	5.4	54	5.4	8.0	87	7.0	10	140	8.0	15

注：T_1 为工作量规尺寸公差；Z_1 为通端工作量规尺寸公差带的中心线到工件最大实体尺寸之间的距离。

4）接通电源，缓慢地拨动测帽提升器 18（图 2-3），直到在投影屏上能看到清晰的标尺像。

5）按被测塞规的公称尺寸组合量块组（注意量块的正确使用方法），并将其放在工作台上。调节光学计使其达到零位稳定状态：①粗调，松开横臂固定螺钉 6，转动旋转螺母 9，使测帽与量块中部接触，投影屏中出现标尺像，锁紧横臂固定螺钉 6；②中调，松开测量管固定螺钉 16，旋转微动偏心手轮 8，使投影屏中标尺像零位与虚线重合，锁紧测量管固定螺钉 16；③微调，旋转零位微动螺钉 4，直到投影屏中标尺像零位与虚线完全重合；④检查稳定性，压动测帽提升器 18，检查零位是否稳定。确认零位稳定后取下量块组。

6）将被测塞规放在工作台上，分别测出通、止端的 6 个部位处的直径（离塞规端面 1mm 以上的 3 个截面，每个截面测量相互垂直的两个位置）；读数时，应注意标尺的正负号，同时，估读一位数字。测量完毕，回复和校对零位，若差值超过半格必须重测。

7）根据测量数据判断塞规通、止端是否合格（通规按使用过程来评定，各测量点的数值均在极限尺寸范围内，则该通规或止规合格）。

8）进行等精度测量及数据处理。在通规的某部位重复测量 10 次，计算出测量值的平均值 $\overline{L}$ 及测量算术平均值的标准偏差 $\sigma_{\overline{L}}$，确定测量结果 $\overline{L} \pm 3\sigma_{\overline{L}}$。

9）完成测量报告。

被测工件简图如图 2-7 所示。

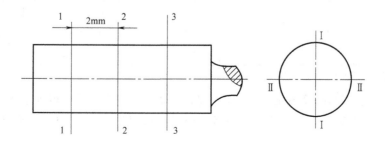

图 2-7　被测工件简图

2.1.5 测量数据处理

下面通过 2 个实例来说明测量数据的处理方法。

【例 2.1】 绘制检验 $\phi25H8/f7$ 孔与轴所用的量规公差带图。

解：查表 2-2 和表 2-3，得 $\phi25H8$ 孔的极限偏差为 $\binom{+0.033}{0}$，量规尺寸公差 $T_1 = 3.4\mu m$，通端工作量规尺寸公差带的中心线到工件最大实体尺寸之间的距离 $Z_1 = 5.0\mu m$；查表 2-3 和表 2-4，得 $\phi25f7$ 轴的极限偏差为 $\binom{-0.020}{-0.041}$，量规尺寸公差 $T_1 = 2.4\mu m$，通端工作量规尺寸公差带的中心线到工件最大实体尺寸之间的距离 $Z_1 = 3.4\mu m$，则检验 $\phi25H8/f7$ 孔与轴的量规公差带图如图 2-8 所示，表 2-5 为检验 $\phi25H8/f7$ 孔与轴时所用工作量规和校对量规的工作尺寸。

表 2-4 轴的优先公差带的极限偏差数值（摘自 GB/T 1800.2—2020）

公称尺寸/mm		极限偏差/μm									
大于	至	d9	f7	g6	h6	h7	h9	h11	k6	n6	p6
10	18	−50	−16	−6	0	0	0	0	+12	+23	+29
		−93	−34	−17	−11	−18	−43	−110	+1	+12	+18
18	30	−65	−20	−7	0	0	0	0	+15	+28	+35
		−117	−41	−20	−13	−21	−52	−130	+2	+15	+22
30	50	−80	−25	−9	0	0	0	0	+18	+33	+42
		−142	−50	−25	−16	−25	−62	−160	+2	+17	+26
50	80	−100	−30	−10	0	0	0	0	+21	+39	+51
		−174	−60	−29	−19	−30	−74	−190	+2	+20	+32
80	120	−120	−36	−12	0	0	0	0	+25	+45	+59
		−207	−71	−34	−22	−35	−87	−220	+3	+23	+37

表 2-5 计算结果 （单位：μm）

被检验工件	量规代号	量规公差 T_1 (T_p)	Z_1	量规公称尺寸/mm	量规极限偏差		量规尺寸标注/mm	
					上极限偏差	下极限偏差	方法一	方法二
孔 $\phi25H8\binom{+0.033}{0}$	通（T）	3.4	5	25	+6.7	+3.3	$\phi25.0067^{0}_{-0.0034}$	$\phi25^{+0.0067}_{+0.0033}$
	止（Z）	3.4	—		+33	+29.6	$\phi25.0330^{0}_{-0.0034}$	$\phi25^{+0.0330}_{+0.0296}$
轴 $\phi25f7\binom{-0.020}{-0.041}$	通（T）	2.4	3.4		−22.2	−24.6	$\phi24.9754^{+0.0024}_{0}$	$\phi25^{-0.0222}_{-0.0246}$
	止（Z）	2.4	—		−38.6	−41	$\phi24.9590^{+0.0024}_{0}$	$\phi25^{-0.0386}_{-0.0410}$
	TT	1.2			−23.4	−24.6	$\phi24.9766^{0}_{-0.0012}$	$\phi25^{-0.0234}_{-0.0246}$
	TS	1.2			−20	−21.2	$\phi24.9800^{0}_{-0.0012}$	$\phi25^{-0.0200}_{-0.0212}$
	ZT	1.2	—		−39.8	−41	$\phi24.9602^{0}_{-0.0012}$	$\phi25^{-0.0398}_{-0.0410}$

注：T_p 为用于工作环规的校对塞规的尺寸公差。

【例 2.2】 对 $\phi25H7$ 塞规的通端等精度测量 10 次，按测量顺序得到了各次测量值依次为 +3.0、+3.5、+3.2、+3.3、+3.3、+3.5、+3.2、+3.5、+3.0、+3.0，单位为 μm，试求测量结果。

解：1）判断定值系统误差。由于计量器具已经鉴定，测量环境得到保证，可认为测量值中不存在定值系统误差。

2）求测量算术平均值，可得

$$\bar{L} = \frac{1}{10}\sum_{i=1}^{10} L_i = 25.00325\text{mm}$$

3）各残差的数值经计算后列于表 2-6 中。经观察可认为测量列中不存在随机系统误差。

4）计算单次测量值的标准偏差，可得

$$\sigma = \sqrt{\frac{\sum_{i=1}^{n} V_i^2}{n-1}} = \sqrt{\frac{0.385}{9}}\mu\text{m} \approx 0.207\mu\text{m}$$

5）判断粗大误差。

按照 3σ 准则，测量值中没有出现绝对值大于（$3\times0.207\mu\text{m} = 0.621\mu\text{m}$）的残差，因此判断测量列中不存在粗大误差。

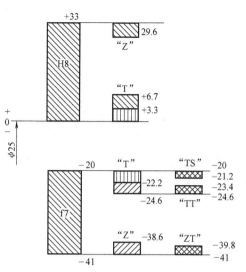

图 2-8　检验 $\phi25\text{H8/f7}$ 孔与轴的量规公差带图

表 2-6　数据处理计算表

读数序号	仪器读数/μm	测得尺寸 L/mm	残差 $V_i = L_i - \bar{L}$/μm	V_i^2/μm²
1	+3.0	25.0030	-0.25	0.0625
2	+3.5	25.0035	+0.25	0.0625
3	+3.2	25.0032	-0.05	0.0025
4	+3.3	25.0033	+0.05	0.0025
5	+3.3	25.0033	+0.05	0.0025
6	+3.5	25.0035	+0.25	0.0625
7	+3.2	25.0032	-0.05	0.0025
8	+3.5	25.0035	+0.25	0.0625
9	+3.0	25.0030	-0.25	0.0625
10	+3.0	25.0030	-0.25	0.0625

6）计算测量列算术平均值的标准偏差，可得

$$\sigma_{\bar{x}} = \frac{\sigma}{\sqrt{n}} = \frac{0.207}{\sqrt{10}}\mu\text{m} \approx 0.065\mu\text{m}$$

7）计算测量列算术平均值的测量极限误差，可得

$$\delta_{\lim(\bar{x})} = \pm3\sigma_{\bar{x}} = \pm3\times0.065\mu\text{m} = \pm0.195\mu\text{m}$$

8）确定测量结果，可得

$$d = \bar{L} \pm \delta_{\lim(\bar{x})} = \bar{L} \pm 3\sigma_{\bar{x}} = (25.00325\pm0.000195)\text{mm}$$

这时的置信概率为 99.73%。

2.2 内径百分表测量气缸孔

2.2.1 测量目标

1）掌握内径百分表的测量原理与操作方法。

2）掌握用内径百分表测量和评定孔径的方法。

3）熟练掌握量块及其附件的使用方法。

2.2.2 测量设备及测量内容

1. 测量设备

1）内径百分表，主要技术参数：分度值 0.01mm，示值范围 0～3mm，测量范围 50~160mm。

2）量块及其附件。

2. 测量内容

用内径百分表、量块及其附件测量 $\phi70H7$ 或 $\phi120H7$ 气缸孔的内径。

2.2.3 测量原理

用内径百分表测量孔径，采用的是相对测量法。首先，根据被测孔的公称直径 D_0 选择合适的量块组合成量块组，并将量块组装在量块附件中，用具有标准尺寸 L 的量块组（或精密标准环规）来调整内径百分表的零位；然后，用内径百分表测出被测孔径相对零位的偏差值 ΔL，则被测孔径 $D = D_0 + \Delta L$。

内径百分表由装有杠杆系统的测量装置组成，如图 2-9 所示。在测量装置下端三通管 3 的一端装有活动测量头 1，另一端装有不同型号的固定测量头 2，管子 4 的管口上端装有百分表 5，活动测量头 1 沿水平方向移动时，会使得直角杠杆 7 产生回转运动，从而推动活动杠杆 6 带动百分表 5 的测量杆上下移动，使百分表指针产生转动，指示出读数值。

由于直角杠杆 7 的两触点到转动中心的距离是相等，因此活动测量头 1 的移动距离与活动杠杆 6 的移动距离完全相同，所以活动测量头 1 上的尺寸变化能够直接反映到上端的百分表 5 上。

定心护桥 8 和弹簧 9 的功能是在测量内径时，帮助找正直径位置，以保证两个测量头正好在内孔直径两个端点的位置上。

内径百分表附有一套不同长度的固定测量头，可根据被测工件尺寸的大小选用长度适当的固定测量头。

2.2.4 测量步骤

1）熟悉仪器的结构原理及使用方法。

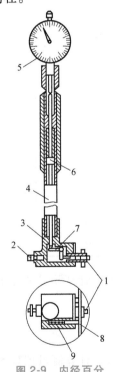

图 2-9　内径百分
表结构图

1—活动测量头　2—（可
更换）固定测量头　3—三
通管　4—管子　5—百分表
6—活动杠杆　7—直角杠杆
8—定心护桥　9—弹簧

2）根据被测孔的公称尺寸及公差等级，查表 2-2 确定其极限偏差值，并绘制出被测孔的公差带图。

3）根据被测孔的公称直径，选用量块组并将其装入量块附件（可用外径千分尺代替），组成标准的内尺寸。

4）根据被测孔的直径，选择合适的固定测量头，将其拧入三通管 3 一端的螺纹孔中，紧固螺母（注意固定测头伸出的距离要使被测尺寸位于活动测量头总移动量的中间位置处），并使百分表小指针转一圈左右。

5）用量块组成的标准内尺寸调整百分表零位。将内径百分表的两端测量头放在由量块组成标准尺寸的两工作面之间，稍微摆动测量杆，如图 2-10 所示，找到百分表上指针的最小读数（即指针沿顺时针方向转到的回转中心），转动百分表刻度盘，使刻度盘上的零刻线转至指针的回转中心处。经多次校对，使指针的回转中心始终在零刻线上。

6）测量孔径。校准好零位后将内径百分表的两测量头插入被测孔中，稍微摆动测量杆，找到百分表上，大指针沿顺时针方向转到的回转点处，记下该点相对零位的偏差值，并注意偏差值的正负号。测量被测孔的 3 个横截面，每个横截面测量相互垂直的 2 个位置得到孔径数据。

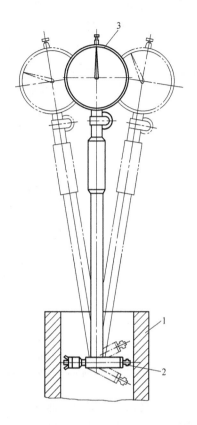

图 2-10　用内径百分表测孔
1—标准件或工件　2—测量杆　3—百分表

7）检查和校准百分表的零位，若其已不在零位，检查原因，进行调整，重新校准零位后继续测量。

8）计算孔的实际直径尺寸，并给出适用性结论。

9）完成测量报告。

2.3　数字式万能测长仪测量

2.3.1　测量目标

1）掌握数字式万能测长仪的测量原理与操作方法。
2）掌握用数字式万能测长仪测量孔径的方法。

2.3.2　测量设备

1. JD18 万能测长仪

JD18 万能测长仪，主要技术参数：分度值 0.001mm，示值范围 ±100μm，测量范围 0~180mm。

万能测长仪可用来测量平行平面、球形及圆柱形工件的外形尺寸，也可以使用仪器的附件测量平行平面间距离尺寸、内孔尺寸、内外螺纹的中径以及用电眼装置测量小孔尺寸等。仪器的工作台可以升降、前后移动、在水平和竖直方向摆动等，因而测量时可利用工作台的相对运动将工件调整到合适位置。

（1）仪器结构　JD18 万能测长仪结构如图 2-11 所示。

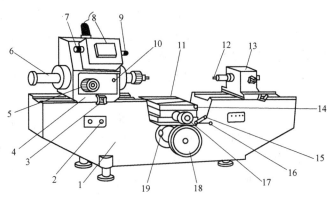

图 2-11　JD18 万能测长仪结构

1—底座　2—电源开关　3—测座锁紧螺钉　4—测座　5—主轴微动手轮　6—测量主轴
7—微米分划板调节旋钮　8—读数投影屏　9—测微旋钮　10—测量主轴的紧定螺钉
11—工作台　12—测帽　13—尾座　14—工作台水平转动手柄　15—固定手柄　16—工作
台竖直摆动手柄　17—工作台横向移动测微手轮　18—工作台升降手轮　19—固定螺钉

万能测长仪主要由底座、工作台、测座、尾座及各种测量设备附件组成，底座、工作台是用于支承和安放其他部件和设备附件的仪器主体部分。

（2）读数方法　JD18 万能测长仪的读数方法如图 2-12b 所示，测量时，读数投影屏 8 的下半部会显示出毫米刻线（75mm）的影像，转动测微旋钮 9 使屏幕移动，在微米分划板示值范围内，使该毫米刻线对称地夹在其左、右相邻的某一对双刻线中间，然后进行读数，如图 2-12c 所示。

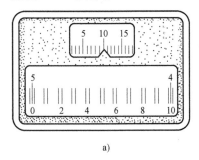 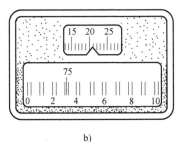 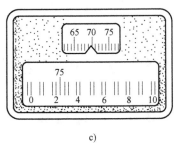

a)　　　　　　　　　　　　b)　　　　　　　　　　　　c)

图 2-12　万能测长仪的读数方法
a）屏动测微器　b）测量工件　c）读数 75.321mm

2. JD25-D 数显式万能测长仪

JD25-D 数显式万能测长仪如图 2-13 所示，对比图 2-11 所示 JD18 万能测长仪，二者主体结构基本相同，只是显示读数部分有所差别。数显式万能测长仪是一种用于绝对测量和相对测量的长度计量仪器。该仪器主要应用于金属加工工业，在工具、量具制造和仪器制造等

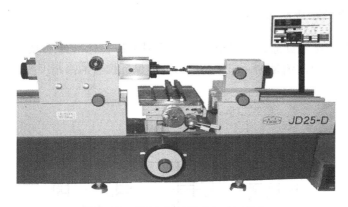

图 2-13　JD25-D 数显式万能测长仪

机械企业计量室和各级工业计量部门中都得到广泛的应用。

（1）特点

1）基座选用优质铸铁，经长期自然时效处理，稳定性好。

2）采用优化设计，从结构上确保性能好、精度高。

3）附件齐全，适合多种测量。

4）采用光栅数显技术，测量长度以数字显示，直观、方便。

5）光栅照明系统采用红外发光器件作为光源，光源电压低、小电流、小体积、长寿命。

6）应用了阿贝原理并采用了高精密的测量系统，因而具有较高了测量精度。

（2）测量对象

1）可测量光滑圆柱形工件，如轴、孔、塞规、环规等。

2）可测量内螺纹、外螺纹、螺纹塞规、螺纹环规的中径。

3）可测量带平行平面的工件，如卡规、量棒、较低等级的量块等。

（3）测量范围

1）外尺寸绝对测量的测量范围为 0~100mm，相对测量的测量范围为 0~670mm。

2）内尺寸测量，使用小测钩（最大伸入深度 12mm，最大壁厚 50mm）的测量范围为 10~400mm，使用大测钩（最大伸入深度 50mm，最大壁厚 85mm）的测量范围为 30~370mm，使用电测钩的测量范围为 1~60mm；使用万能测钩的测量范围为 14~112mm。

3）内螺纹中径、螺距测量使用小测钩时，螺纹中径为 13~30mm；使用大测钩时，螺纹中径为 ≥31mm，壁厚为 70mm；螺距为 0.5~6mm。

4）外螺纹测量，中径的测量范围为 0~200mm，螺距的测量范围为 1~6mm。

5）力测量的测量范围为，0N、1.5N、2.5N。

（4）其他规格参数

1）数字显示当量为 0.1μm。

2）仪器示值变动性：外尺寸测量时，$2\sigma \leq 0.3\mu m$；内尺寸测量时，$2\sigma \leq 0.5\mu m$。

3）仪器准确度：外尺寸绝对测量时，仪器准确度优于 $(0.5+1/200)\mu m$；内尺寸测量时，仪器准确度优于 $(1+1/100)\mu m$。

2.3.3 测量原理及使用方法

万能测长仪是按照阿贝原理设计制造的。被测工件在标准件（玻璃尺）的延长线上，如图 2-14 所示。刻度尺与测量轴一起移动，因此能保证仪器的高精度测量。

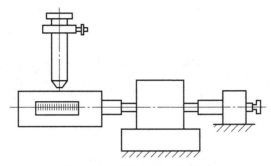

图 2-14　万能测长仪测量原理

1. 测帽的选择及调整

（1）测帽的选择　万能测长仪采用的是接触测量方式，合理地选择和调整测帽可以避免较大的测量误差。

1）测帽的选择原则：尽量减小测帽与被测件的接触面积。

2）接触面积过大的不利因素：带入调整误差，例如，用 1.58 刃口测帽测量圆柱体直径时，两测帽平面的微小平行度误差都会使刃口不同部位的测量结果产生差异；接触面积过大还可引起测量结果的不稳定性，例如，用 $\phi 8$ 平面测帽与被测件平面接触时，接触面上的脏污和油层会引起测量的不稳定，而若采用球面测帽，则只要测帽和被测件稍稍相对移动，脏污和油层产生的不利影响即可排除。

（2）被测件类型与测帽类型　对于不同形状的工件，可按表 2-7 选择测帽。

表 2-7　被测件类型与测帽类型

被测件类型	推荐选用的测帽类型
测量平行平面间的距离	球面测帽
圆柱形工件	球面测帽 （以移动工作台找到圆柱最高点而定）
球形工件	$\phi 2$ 或 $\phi 8$ 平面测帽 （视球径大小而定）
用三针测量螺纹中径	$\phi 8$ 平面测帽 （当螺距大于 5mm 时，一侧应用 $\phi 14$mm 平面测帽）

（3）测帽的调整

1）球面测帽的调整：调整球面测帽的目的是使一对球面的球心连线通过测量轴线。先将一对球面测帽分别装在尾管和测量轴上，并使其相接触；用螺丝刀边调节螺钉，边注意仪器的示值变化，螺钉的位置应停在测长仪示值最大点，即所谓"转折点"。调好后，拉动测量轴，使两测帽轻轻撞击，以使机构趋于稳定。

2）刃形和球面测帽的调整：调整的目的是使一对测帽的测量轴相互平行。先用上述找"转折点"的方法进行粗调，找到示值最小点，然后放入被测件，在测帽的不同位置上，看示值是否一致，根据读数差对螺钉进行针对性精调，直至将工件放入测帽各位置读数相同。在测量螺纹中径时，测帽粗调后，将一根针放入测帽上下左右各位置，可以检查测帽平行度，然后进行针对性精调。

2. 测量力的选择

万能测长仪采用接触测量法，必须在测帽与工件之间施加测量力，以保证测帽头与工件良好接触。但测量力的作用会引起工件和测帽头的弹性变形，从而带来测量误差。这种弹性变形在测量力消失后自动复原。

测量力可根据工件公差及工件易变形程度来选择，对于公差范围小和易变形的工件，测量力应尽量小。万能测长仪测量力由砝码产生，有 2.5N 和 1.5N 两种。测量大工件或使用大测钩时用 2.5N 测量力，测量小工件或使用小钩时用 1.5N 测量力。

2.3.4　测量步骤

1）按被测孔径组合量块，用标准量块组调整仪器零位或用仪器所带的标准环调零。

2）将被测工件安装在工作台上，并用压板固定。

需要说明的是，在圆柱体的测量中（无论是外圆柱面或是内孔），必须使测量轴线垂直于圆柱体的轴线。为了满足这一条件，在将被测工件固定于工作台上之后，就要利用万能测长仪的工作台各个可能的运动条件，通过寻找"转折点"将工件调整到符合阿贝原理的正确位置上。

孔径测量如图 2-15 所示。转动工作台升降手轮，调整工作台的高度，使测轴上的测量头位于孔内适当的位置处。再慢慢旋转工作台横向移动测微手轮，同时观察目镜中刻线的变化，以读数最大值为转折点，在此处对工作台进行横向固定。最后调整工作台竖直摆动手柄，以读数最小值为转折点，在

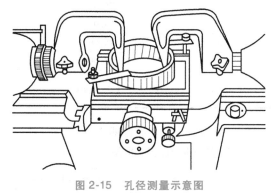

图 2-15　孔径测量示意图

此处对工作台进行纵向固定，方可正式读数，如图 2-16 所示。此时，测量轴线与圆柱体的轴线垂直。

3）松开测量主轴的紧定螺钉，按步骤 2 调整工作台，使工件处于正确位置，从显示屏上读数。

4）重复步骤 3，记录每次测量结果。

5）进行等精度多次测量，通过数据处理，并判断被测孔径的合格性；也可事先编制程序，将工件公差与测得数值输入计算机，由计算机进行数据处

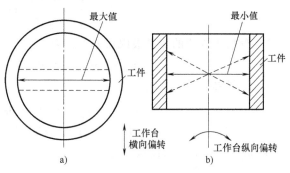

图 2-16　找回转点

理，并将合格性判断打印出来或在屏幕上显示出来。

2.3.5 测量数据处理

下面通过一个实例来说明测量数据的处理方法。

【例2.3】 在测长仪上测量工件 ϕ75H6 的孔径，已消除了系统误差，并进行了等精度测量 15 次，测量数据见表2-8。求测量结果，并判断其合格性。

表 2-8 测量数据

测量次数	测量值 X_i/mm	残差 $V_i = X_i - \overline{X}$/μm	V_i^2/μm²
1	75.0031	+0.1	0.01
2	75.0030	0	0
3	75.0032	+0.2	0.04
4	75.0029	-0.1	0.01
5	75.0030	0	0
6	75.0030	0	0
7	75.0029	-0.1	0.01
8	75.0031	+0.1	0.01
9	75.0031	+0.1	0.01
10	75.0029	-0.1	0.01
11	75.0030	0	0
12	75.0030	0	0
13	75.0029	-0.1	0.01
14	75.0029	-0.1	0.01
15	75.0030	0	0
	$\overline{X} = 75.0030$	$\sum\limits_{i=1}^{15} V_i = 0$	$\sum\limits_{i=1}^{15} V_i^2 = 0.12$

解：根据表2-8可进行如下计算。

1）单次测量值的标准偏差 σ 为

$$\sigma = \sqrt{\frac{V_1^2 + V_2^2 + \cdots + V_n^2}{n-1}} = \sqrt{\frac{0.12}{14}}\,\mu m \approx 0.093\,\mu m$$

2）算数平均值的标准偏差 $\sigma_{\overline{X}}$ 为

$$\sigma_{\overline{X}} = \frac{\sigma}{\sqrt{n}} = \frac{0.093}{\sqrt{15}}\,\mu m \approx 0.024\,\mu m$$

3）算数平均值的测量极限误差 $\delta_{\lim}$ 为

$$\delta_{\lim} = \pm 3\sigma_x = \pm 3 \times 0.024\,\mu m = \pm 0.072\,\mu m$$

4）测量结果为

$$D = \overline{X} \pm 3\sigma_x = 75.0030\,mm \pm 0.000072\,mm$$

按 ϕ75H6 的公差带极限偏差（GB/T 1800.2—2020），此孔的最小直径为 ϕ75mm，最大直径为 ϕ75.019mm，所以该工件合格。

第 **3** 章

表面粗糙度测量

3.1 光切法测量表面粗糙度

3.1.1 测量目标

1）了解光切法测量表面粗糙度的基本原理。

2）掌握使用双管显微镜测量表面粗糙度的方法。

3）学会使用光切法显微分析系统进行工件表面粗糙度测试。

3.1.2 测量设备及测量内容

1. 测量设备

1）光切显微镜，主要技术指标：测量 Rz 的范围为 $1.0 \sim 125 \mu m$。

2）表面粗糙度比较样板。

2. 测量内容

用光切显微镜测量所给试件轮廓最大高度 Rz 的值，并用光切法显微分析系统进行工件表面粗糙度测试与分析。

3.1.3 测量原理及仪器简介

光切法是利用光切原理测量表面粗糙度的一种测量方法，属于非接触测量方法。采用光切原理制成的表面粗糙度测量仪称为光切显微镜（或称双管显微镜）。它适合于测量使用车、铣、刨等方法加工的金属工件表面或外圆柱面的表面粗糙度，但不适合检验用磨削或抛光等方法加工的工件表面。

1. 光切显微镜

光切显微镜外形和结构示意图如图 3-1 所示，底座 13 上装有立柱 12，显微镜的主体通过横臂 9 和立柱连接，转动升降螺母 11 可以使横臂 9 沿立柱 12 上下移动，用于粗调物镜组 2 的焦距，然后用锁紧螺钉 8 锁紧。工件安放在工作台 1 上，若为圆柱体工件，则安放在工作台上的 V 形块中，工件加工表面的纹理方向应与目镜 6 中观察到的光带方向垂直。显微镜的光学系统集中在横臂 9 前端的壳体内，下方是可以更换的物镜组 2（根据表面粗糙度范围按表 3-1 选择），测量读数可以由目镜 6 观察，并通过旋转目镜测微鼓轮 5 而得到。

表 3-1 光切显微镜物镜组参数

物镜放大倍数	7×	14×	30×	60×
仪器分度值 E/(μm/格)	1.28	0.63	0.29	0.16
轮廓最大高度 Rz/μm	20~80	6.3~20	1.6~6.3	0.8~1.6
目镜视场直径/mm	2.5	1.3	0.6	0.3

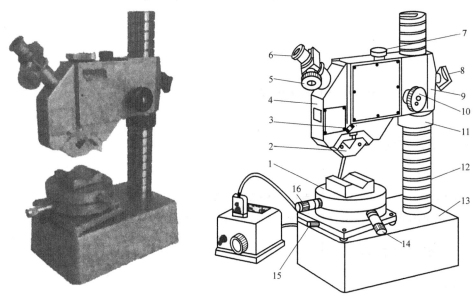

图 3-1 光切显微镜外形和结构示意图

1—工作台 2—物镜组 3—手柄 4—壳体 5—目镜测微鼓轮 6—目镜 7—光源 8—锁紧螺钉
9—横臂 10—微调手轮 11—升降螺母 12—立柱 13—底座 14—纵向移动千分尺
15—工作台紧固螺钉 16—横向移动千分尺

光切显微镜的光学原理如图 3-2 所示。光源发出的光经聚光镜、狭缝和物镜组中的物镜聚焦照射在工件表面，且入射角是 45°，由于工件表面的微观不平，故峰谷间存在高度差 h，使入射光分别在 S 和 S' 点发生反射，并通过另一侧的物镜聚焦后分别成像在固定分划板上的 a 和 a' 处。在目镜中观察到的凹凸起伏的光带一侧的边缘形态，如图 3-3 所示，即呈现了被测表面微观剖面的形状，其中的 aa' 即为工件表面粗糙度的波峰、波

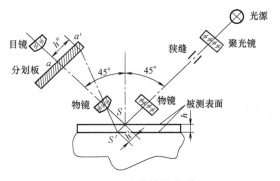

图 3-2 光切显微镜的光学原理

谷在固定分划板上成像的高度差，用 h'' 表示（如图 3-2 所示），其读数大小由目镜千分尺来测量。

图 3-4 是目镜千分尺的结构示意图。视场由两个分划板构成，固定分划板 2 在下方，其上刻有间距为 1mm，数字为 0~8 的 9 条刻线，可动分划板 1 上刻有互相垂直的两条十字刻线及双标线，当转动刻度套筒（其一圈有 100 格，即图 3-1 中的目镜测微鼓轮 5）一圈时，

可动分划板 1 上的双标线相对于固定分划板 2 上的固定刻线恰好移动一格。

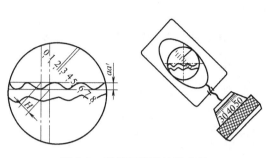

图 3-3　目镜测微器读数方法

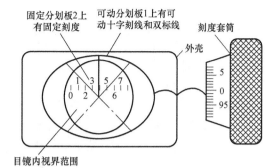

图 3-4　目镜千分尺的结构示意图

由于可动分划板 1 上的两条十字刻线与其移动方向成 45°，因此由图 3-3 可以看出，当从视场中测出的成像波高为 aa' 时，从刻度套筒读出的读数应该是位移 H。若令 $aa' = h''$，刻度套筒上的相应读数为 H，则有

$$h'' = H\cos 45°$$

GB/T 3505—2009 规定，轮廓最大高度 Rz 是指在一个取样长度 lr 内，最大轮廓峰高与最大轮廓谷深之和，则

$$Rz = Zp_{max} + Zv_{max}$$

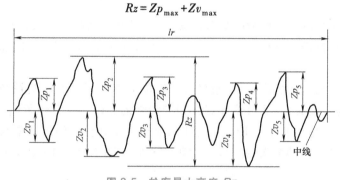

图 3-5　轮廓最大高度 Rz

如图 3-5 所示，测量工件时，在一定的取样长度内，测量 6 个轮廓峰高，分别为 Zp_1、Zp_2、Zp_3、Zp_4、Zp_5、Zp_6，取其中最大峰高值 $Zp_{max} = Zp_2$；再测量 5 个轮廓谷深，分别为 Zv_1、Zv_2、Zv_3、Zv_4、Zv_5，取其中最大谷深值 $Zv_{max} = Zv_4$，则

$$H = Zp_2 + Zv_4$$

轮廓最大高度为

$$Rz = E(Zp_2 + Zv_4)$$

式中，E 为仪器分度值，即刻度套筒上一格所代表的被测表面法向波峰或波谷的值，其值与所选物镜组的放大倍数及仪器的精度有关，其理论值通常由表 3-1 确定，也可由标准刻度尺经检验得到。

2. 光切法显微分析系统

利用光切法显微分析系统进行工件表面粗糙度测试的软件界面如图 3-6 所示。

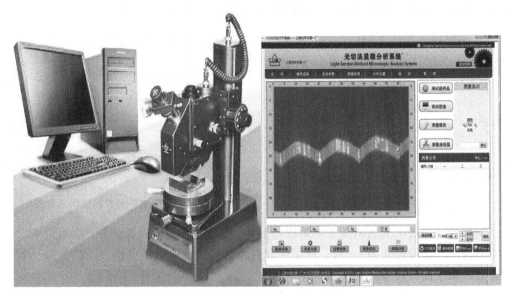

图 3-6 光切法显微分析系统软件界面

3.1.4 测量步骤

1) 根据被测工件的表面粗糙度要求，按表 3-1 选择合适的物镜组，并装入仪器。

2) 将被测工件擦净后放在工作台上（圆柱体则放在 V 形块上），使加工纹路方向与光带方向垂直。

3) 粗调焦距：松开锁紧螺钉 8，旋转升降螺母 11 使镜头缓慢接近被测工件表面（注意不要接触，以免划伤镜头），从目镜 6 观察到较清晰的光带后拧紧锁紧螺钉 8。若为圆柱体工件，还应调整横向移动千分尺 16，使光线入射点位于圆柱体的最高素线上，以保证入射角是 45°，这样才能观察到清晰的图像，焦距和横向移动千分尺 16 要反复调节若干次，然后锁紧。

4) 旋转微调手轮 10 使目镜中的光带尽量窄，而且一侧的边缘尽量清晰。然后旋转目镜 6 使其十字线中的一条与光带平行，并锁紧目镜螺母。

5) 旋转目镜测微鼓轮 5，在一定的取样长度内，测量 6 个轮廓峰高，分别记为 Zp_1、Zp_2、Zp_3、Zp_4、Zp_5、Zp_6，再测 5 个轮廓谷深，分别记为 Zv_1、Zv_2、Zv_3、Zv_4、Zv_5。

6) 得最大轮廓峰高值和轮廓最大谷深值分别为 $Zp_{\max}$ 和 $Zv_{\max}$，并求出 Rz。

3.2 便携式粗糙度仪测量

3.2.1 测量目标

1) 掌握轮廓算术平均偏差 Ra 的测量方法。

2) 了解粗糙度仪的测量原理。

3) 学会用接触法测量表面粗糙度参数。

3.2.2　测量设备及测量内容

1. 测量设备

粗糙度仪 3⁺，主要技术参数：可测表面粗糙度的 Ra、Rz、Rsm 等参数，测量 Ra 的范围为 $0.02 \sim 5\mu m$。

2. 测量内容

用粗糙度仪 3⁺测量所给工件的表面粗糙度参数 Ra 值。

3.2.3　测量原理

粗糙度仪 3⁺是一种体积小、携带方便的表面粗糙度参数测量仪器，属于触针法粗糙度仪，其可测量油泵油嘴、曲轴、凸轮轴、较深的沟槽、缸体缸盖的配合面、缸套、缸孔、活塞孔和车身喷漆的表面粗糙度参数。粗糙度仪 3⁺仅手掌大小，便于携带到任何需要测量表面粗糙度参数的地方。其内置电池驱动，在操作过程中不需要电源。测量过程通过按键控制，采用"菜单选择方式"，简单易行。测量结果可输出到打印机，或者通过 RS232 接口输出到外部处理器，测量值会在行程结束的两秒内自动显示。粗糙度仪 3⁺具有多种探头及附件，能满足各种条件下工件的测量。

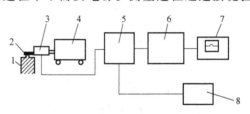

图 3-7　触针法粗糙度仪的工作原理示意图

1—被测件　2—触针　3—传感器　4—驱动器
5—测微放大器　6—信号分离与运算器
7—显示器　8—记录器

触针法粗糙度仪的工作原理如图 3-7 所示。工作时，将一个金刚石制成的触针 2 沿被测表面匀速缓慢滑行，工件表面的微观不平度使触针 2 上下移动，将这种微小位移通过传感器 3 变成电信号，并通过电路加以放大和运算处理，即可得到被测工件表面粗糙度参数值，也可通过记录器 8 描绘出表面轮廓图形，再进行数据处理，进而得出表面粗糙度参数值。

触针法粗糙度仪按其传感器工作原理的不同，可分为感应式、电容式及压电式几类。粗糙度仪 3⁺采用压电式传感器，其外形如图 3-8 所示。它是将很尖的金刚石触针垂直放在被测表面上，并使其进行横向移动，由于被测工作表面粗糙不平，因而触针将随着被测表面轮廓形状上下起伏移动。这种方法所测出的表面轮廓信息即触针圆心的移动轨迹，而轨迹的半径即等于针尖半径和实际表面轮廓曲线的曲率半径之和。因此，影响这种测量方法准确度的因素主要是触针的形状和测量力。

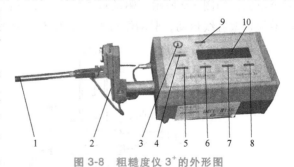

图 3-8　粗糙度仪 3⁺的外形图

1—传感器　2—调节旋钮　3—测量按钮　4—打印按钮（PRI）　5—电源开关（ON）　6—参数选择按钮（ ）

7—设置按钮（SET）　8—取样长度选择按钮（ ）

9—翻页（公制/英制转换）选择按钮（ ）　10—液晶显示屏

3.2.4　测量步骤

1）熟悉粗糙度仪的结构。

2）将被测工件表面与传感器 1 的触针垂直接触（参考图 3-8 所示结构），按电源开关 5（ON）开机，粗糙度仪显示原有设置。

3）按参数选择按钮 6 ▣，选择所需的测量参数，包括 Ra，Rz，Ry，Rq，Rsm 等；按翻页（公制/英制转换）选择按钮 9 ▣，可进行公制与英制的转换；按取样长度选择按钮 8 ▣，用公制单位时，可选择取样长度 lr 为 0.25mm、0.8mm、2.5mm，用英制单位时，可选择取样长度 lr 为 0.01in、0.03in、0.1in；按设置按钮 7（SET）选取评定长度 ln 数值，当取样长度 lr 值改变时，ln 将依照 ISO 标准默认为 $n=5$，至此完成测量参数的设置。

4）按测量按钮 3 进行测量，测量结果会显示在液晶显示屏 10 上。

5）考虑测量的准确性，在一个表面的 3 个不同部位测量共 3 次，读数结果记录在测试报告中。

3.3 精密粗糙度仪测量

3.3.1 测量目标

1）了解精密粗糙度仪的工作原理。
2）掌握 JB-4C 精密粗糙度仪的结构及主要技术指标。
3）熟练操作 JB-4C 精密粗糙度仪。

3.3.2 测量仪器

JB-4C 精密粗糙度仪是一种触针式表面粗糙度测量仪器，该仪器可对各种工件表面的粗糙度进行测试，包括平面、斜面、外圆柱面、内孔表面、深槽表面、圆弧面和球面等，并能实现多种参数的测量。

1. 仪器结构

JB-4C 精密粗糙度仪由花岗岩平板、传感器、驱动箱、显示器、计算机主机和打印机等部分组成，如图 3-9 所示。驱动箱提供了一个行程为 40mm 的高精度直线基准导轨，传感器可沿导轨做直线运动，驱动箱可通过其顶部的水平调节旋钮进行 ±10° 的水平调整。该仪器

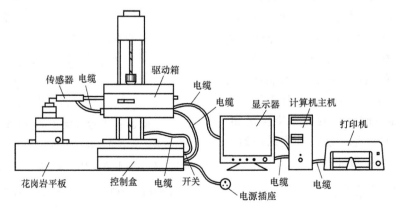

图 3-9　JB-4C 精密粗糙度仪的结构

带有计算机及专用测量软件，可选定被测工件的不同位置并设计各种测量长度进行自动测量，评定段内采样数据达 3000 个点，带有数据显示功能，并可以打印轮廓、各种表面粗糙度参数及轮廓的支承长度曲线等。

图 3-10 为 JB-4C 精密粗糙度仪的实物图，其结果可用粗糙度分析软件进行数据处理分析。

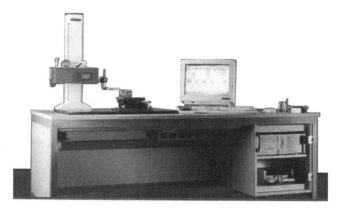

图 3-10 JB-4C 精密粗糙度仪实物图

2. 仪器主要技术指标

1）测量参数：Ra、Rz、Rsm、Rp、Rv、Rq、Rt 曲线等。图 3-24 和图 3-25 中的 R_{max} 是指在一定取样长度内最大峰值和最大谷深的高度差，某些仪器会显示。

2）取样长度 lr（mm）：0.08、0.25、0.8、2.5。测量圆弧面或球面时，取样长度可选择 0.25mm 和 0.8mm。

3）评定长度 ln（mm）：lr、$2lr$、$3lr$、$4lr$、$5lr$ 等可任选。

4）测量范围：Ra0.01~10μm；传感器垂直移动范围 0.6mm 以内。

5）最小显示值：0.001μm。

6）仪器示值误差：$\pm(5\%A\pm4nm)$，其中 A 为示值，单位 nm。

7）传感器移动速度：0.5mm/s。

8）可测内孔：$\geqslant\phi5mm$。

9）传感器触针：标准型（高度小于 8mm）、小孔型各 1 支；触针半径 2μm，静态测力 0.75mN。

10）轴承表面粗糙度：内圈可测量最大直径尺寸 280mm，外圈可测量最小直径尺寸 12mm，最大厚度 160mm。

11）工作台：旋转角度 360°；x、y 最大轴向移动距离 15mm。

12）外接电源：220V±10%，50Hz。

3. 操作流程

1）打开计算机主机及控制盒右侧开关。

2）进入"jb-4c.exe"测量程序。启动应用程序，软件界面如图 3-11 所示。

界面中的竖直坐标上会显示一段小的红线，代表传感器触针的高低位置。

界面窗口显示的菜单分别具有如下功能。

"文件"菜单：进行与文件相关的操作。

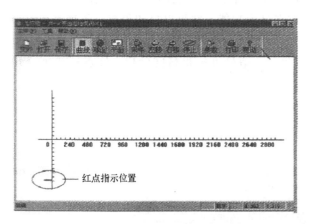

图 3-11　JB-4C 精密粗糙度仪软件界面

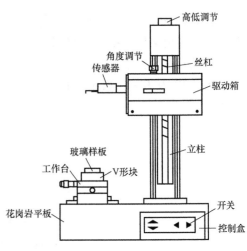

图 3-12　调整传感器

"打开"菜单：打开一个现有文档供查阅。

"保存"菜单：将活动文档以一个新文件名保存或取代一个旧文件。

"曲线"菜单：显示采样的一段轮廓线。

"球面"菜单：显示圆弧或球形测量的粗糙度报告。

"平面"菜单：显示平面测量的粗糙度报告。

"采样"菜单：采样一次。

"左移"菜单：传感器向左移动。

"右移"菜单：传感器向右移动。

"停止"菜单：停止向左或右移动。

"参数"菜单：设置取样长度、分段数、传感器触针种类和测量面。

"打印"菜单：打印测试结果。

"帮助"菜单：显示程序信息、版号和版权。

3）调整传感器和工作台的位置，如图 3-12 所示和图 3-13 所示。

参照图 3-12 按下控制盒面板左侧的向下箭头按键，可以接通电动机带动立柱中间的丝杠转动，从

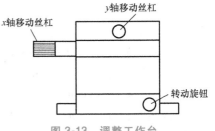

图 3-13　调整工作台

而使驱动箱向下移动；当传感器触针与工件接触即自动停止，观察显示屏上竖直坐标上的红点，该点表示传感器触针的位置。

4）对工件进行测量。

5）显示表面粗糙度参数和打印报告。

3.3.3　表面粗糙度仪的测量原理

触针法又称为针描法。当触针直接在工件被测表面上轻轻划过时，由于被测表面轮廓峰谷起伏，触针将在垂直于被测轮廓表面方向上产生上下移动。将这种移动信号通过电子装置加以放大，然后通过指示表或其他输出装置输出有关粗糙度的数据或图形。

图 3-14 所示为触针法的测量原理。

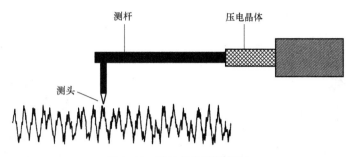

图 3-14　触针法的测量原理

随着科技的发展，表面粗糙度仪的数据处理变得主要由计算机系统完成，计算机自动地将其采集的数据进行数字滤波和计算，得到的测量结果及轮廓图形可以在显示器显示或打印输出。

3.3.4　测量步骤

测试任务：完成如图 3-15 所示工件的表面粗糙度测量。

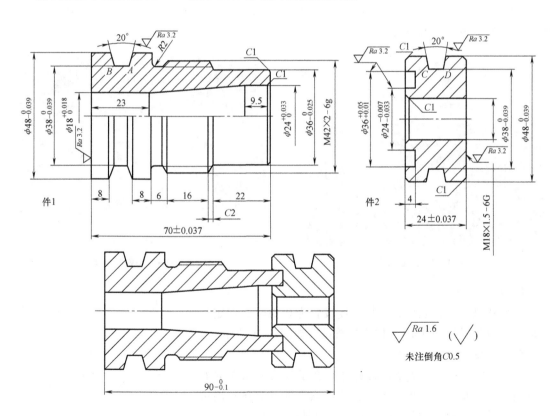

图 3-15　工件的表面粗糙度测量

1. 开机准备

1）安装触针，保证触针竖直向下垂直于被测表面，如图 3-16 所示。

2）打开控制盒开关，如图 3-17 所示。

3）启动 JB-4C 测量程序。

图 3-16　安装触针

图 3-17　打开控制盒开关

2. 放置工件、调整触针位置

将工件放置在工作台上，如图 3-18 所示，调整控制盒按钮使触针接触到被测表面，如图 3-19 所示。同时，观察显示屏上竖直坐标上的红点，如图 3-20 所示，红点位于原点位置则表示传感器触针已调整好。

图 3-18　放置工件

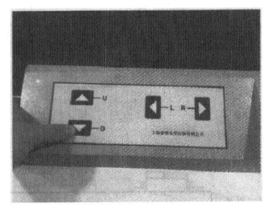

图 3-19　调整控制盒

3. 参数设置

对于该被测工件表面，取样长度设置为 0.8mm，评定长度取 5 段取样长度为 4mm。具体参数设置如图 3-21 所示。

4. 开始测量

1）选中"采样"指令，触针开始在工件表面从左向右移动测量，移动评定长度后测量完成。软件屏幕上显示出被测表面的轮廓曲线，并提示"请选择测量起始点和终点"，如图 3-22 所示。

2）单击选择测量起始点和终点，如图 3-23 所示。然后，选择"平面"指令，即可得到被测面的各种表面粗糙

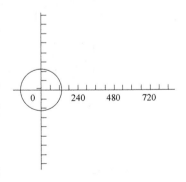

图 3-20　红点调整至原点

度评定参数值，测量结果如图 3-24 所示。

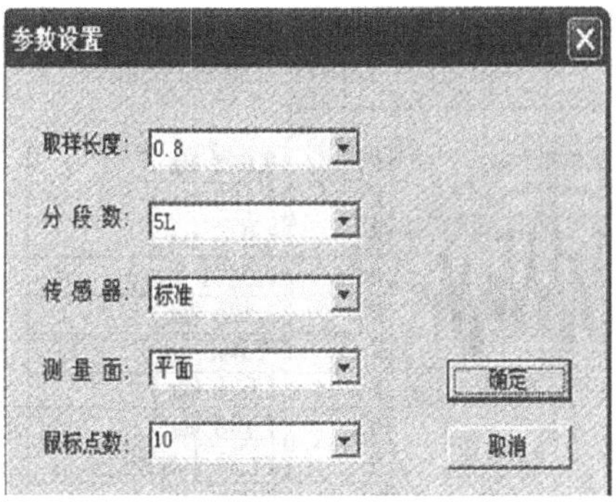

图 3-21 参数设置

图 3-22 "请选择测量起始点和终点"提示

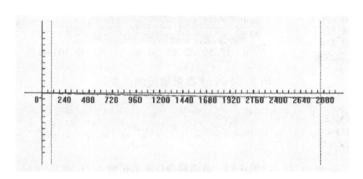

图 3-23 选择起始点和终点

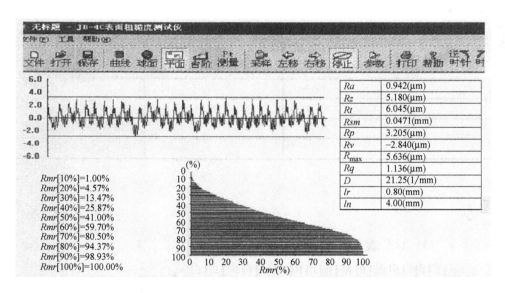

图 3-24 测量结果

5. 打印报告

选择"打印"指令，可按需要直接打印测试报告，也可将测量报告保存成电子档。

图 3-25 所示为保存为图片形式的测试报告，可以看出被测表面的 Ra 值为 $0.942\mu m < 1.6\mu m$，符合图样要求。

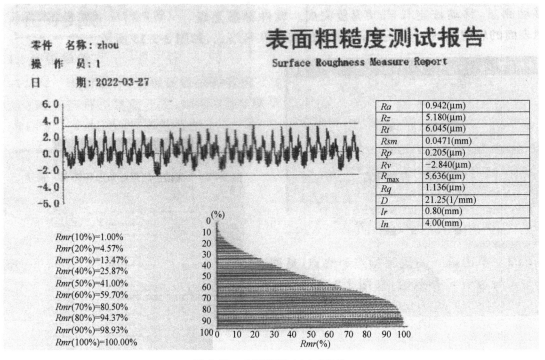

图 3-25　表面粗糙度测试报告

第4章

角度和锥度的测量

4.1 常用角度和锥度测量方法及分析

4.1.1 用直角尺对被测角的测量

直角尺可用于检验角度和划垂直线。直角尺的规格参数见表4-1。其中,0级精度较高,用于检验精密量具;1级精度用于工具制造;2级用于一般工作。

表 4-1 直角尺的规格参数

型式	简 图	精度等级	公称尺寸	
			D	H
圆柱直角尺		00 级 0 级	200 315 500 800 1250	80 100 125 160 200
			L	B
矩形直角尺		00 级 0 级 1 级	125 200 315 500 800	80 125 200 315 500
			L	B
刀口矩形 直角尺		00 级 0 级	63 125 200	40 80 125

（续）

型式	简 图	精度等级	公称尺寸	
			L	B
刀口形直角尺	刀口测量面 侧面 侧面 基面 隔热板 长边 β α 短边 基面 B	0级 1级	50 63 80 100 125 160 200	32 40 50 63 80 100 125
			L	B
宽座刀口形直角尺	刀口测量面 侧面 侧面 长边 β 基面 α 短边 基面 B	0级 1级	50 75 100 150 200 300 500 750 1000	40 50 70 100 130 165 200 300 550
			L	B
平面形直角尺	刀口测量面 侧面 侧面 长边 β 基面 α 短边 基面 B	0级 1级 2级	50 75 100 150 200 300 500 750 1000	40 50 70 100 130 165 200 300 550
			L	B
带座平面形直角尺	刀口测量面 侧面 侧面 长边 β 基面 α 短边 基面 B	0级 1级 2级	50 75 100 150 200 300 500 750 1000	40 50 70 100 130 165 200 300 550
			L	B
宽座直角尺	刀口测量面 侧面 侧面 长边 β 基面 α 短边 基面 B	0级 1级 2级	63 80 100 125 160 200 250 315 400 630 800 1000 1250 1600	40 50 63 80 100 125 160 200 250 315 400 630 800 1000

直角尺检验角度时用光隙法进行偏差判定，并用塞尺来测量间隙的大小。塞尺是用于检验间隙的测量器具之一，又称为测微片或厚薄规，其横截面为直角三角形，在斜边上有刻度，利用锐角正弦规直接将短边的长度表示在斜边上，这样就可以直接读出间隙的大小。

使用在塞尺前必须先清除塞尺和工件上的灰尘与污垢；使用时可用一片或数片重叠插入间隙，以稍感拖滞为宜；测量时动作要轻，不允许硬插，也不允许测量温度较高的工件。

将塞尺插入被测间隙中，来回拉动塞尺，感到稍有阻力，说明该间隙值接近塞尺上所标出的数值；如果拉动时阻力过大或过小，则说明该间隙值小于或大于塞尺上所标出的数值。

进行间隙的测量和调整时，先选择符合间隙规定的塞尺插入被测间隙中，然后一边调整，一边拉动塞尺，直到感觉稍有阻力的时候拧紧锁紧螺母，此时塞尺所标出的数值即为被测间隙值。

如图 4-1a 所示，用标准直角尺对被测角度直接测量时，将标准直角尺与被检直角尺放在同一平板上，用光隙法或塞尺测出两者之间的缝隙 δ，则有

$$\alpha = \arctan \frac{\delta}{H} \tag{4-1}$$

如图 4-1b 所示，将标准圆柱直角尺与被检直角尺放在同一平板上，在 180° 两个位置上相比较，用光隙法或塞尺测出 δ_1 和 δ_2，则有

$$\delta_\alpha = \frac{\delta_1 + \delta_2}{2} \tag{4-2}$$

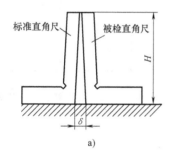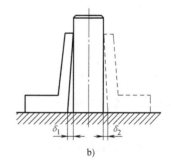

图 4-1　直角尺的测量

4.1.2　斜面角度的测量

斜面角度通常应用圆柱法测量，用圆柱法测量斜面角度的示意图如图 4-2 所示，把两个半径相同的且为 R 的圆柱紧贴地放置于被测角为 α 的斜面内，测量出 M 值，即可求出 α 值。由图可知 $\alpha = \angle BO_1O_2$，故

$$\sin\alpha = \frac{BO_2}{O_1O_2} = \frac{FC}{O_1O_2} = \frac{M}{2R} \tag{4-3}$$

4.1.3　V 形槽角度的测量

V 形槽角度通常应用圆柱法测量，图 4-3 所示为用两个圆柱测量 V 形槽角度的示意图，把工件放在平板上，再把两个半径分别为 R_1、R_2 的圆柱依次放

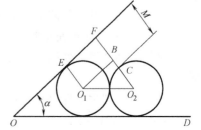

图 4-2　圆柱法测量斜面角度的示意图

入 V 形槽中，测量出尺寸 H_1 和 H_2 便可得到 α 值，即

$$\sin\frac{\alpha}{2}=\frac{R_2-R_1}{(H_2-R_2)-(H_1-R_1)} \tag{4-4}$$

当 α 角较大时，通常用三个直径为 D（半值为 R）的圆柱来测量，如图 4-4 所示，用量尺测量出尺寸 M 值，便可得到 α 值，即

$$\sin\frac{\alpha}{2}=\frac{D+M}{2D} \tag{4-5}$$

当要确定 α 角的角平分线是否垂直于底面时，可把工件放在平板上，测出尺寸 H_1、H_2 和 H_3 便可进行检验，即

$$\cos\angle AO_1O_2=\frac{H_2-H_1}{D}$$

$$\cos\angle AO_1O_3=\frac{H_3-H_1}{D}$$

$\angle AO_1O_2$ 与 $\angle AO_1O_3$ 之差的一半即为角平分线对底面的垂直度偏差。

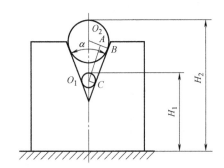
图 4-3　用两个圆柱测量 V 形槽角度的示意图

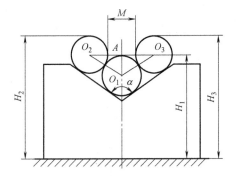
图 4-4　用三个圆柱测量 V 形槽角度示意图

4.1.4　工件内外槽角的测量

游标万能角度尺是用来测量工件内外角度的量具，可测 0°~320° 外角及 40°~130° 内角。

1. 燕尾槽角度的测量

1）根据被测角度选择并装好测量尺，调整游标万能角度尺的角度稍大于被测角度，燕尾槽角度粗略估计在 55° 左右，故在 50°~140° 范围内装上直尺，如图 4-5 所示。

2）将工件放在基尺与测量尺的工作面之间，使工件的水平被测面与基尺测量面接触。

3）利用微动装置，使测量尺与工件的槽内被测面充分接触。

4）紧固制动器之后即可进行读数。

2. 圆锥面锥角的测量

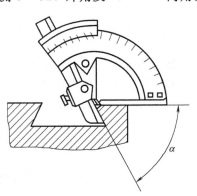
图 4-5　燕尾槽角度测量示意图

1）目测锥角的大小，圆锥面锥角一般在 0°~50° 范围内，调整游标万能角度尺的角度略

大于锥角，如图 4-6 所示。

2）将工件放在基尺与测量尺的工作面之间，使工件的水平被测面与基尺测量面接触。

3）利用微动装置，使测量尺与工件的圆锥被测面充分接触。

4）紧固制动器之后即可进行读数。

4.1.5　工件内锥角的测量

工件内锥角一般采用圆锥量规法、圆球法或正弦规法测量。

1. 圆锥量规法

圆锥量规是用于测量孔和圆锥工作锥角及检验端面距离偏差的量具。使用时通常在被测圆锥面上用涂料（红印油或红丹）划 3 条等分圆周的直线，然后把

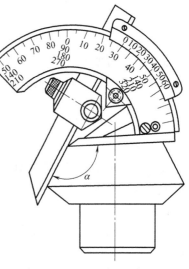

图 4-6　圆锥面锥角测量示意图

塞规放在工件内圆锥面中，使它们紧密接触，来回转动几次，转动角度不大于 30°，取出塞规观察接触情况，塞规接触面积不少于转动展开面的 80% 即可判定为合格。

对圆锥体的检验，是指检验圆锥角、圆锥直径、圆锥表面形状要求的合格性。圆锥量规分为外径锥度规和内径锥度规。

外径锥度规主要用于检验产品的外径锥度和接触率，属于专用综合检具。外径锥度规由工作环规和校对塞规组成，校对塞规用于校准工作环规。

内径锥度规主要用于检验锥孔的精度，检验产品的大径、锥度和接触率，属于专用综合检具，其可分为尺寸塞规和涂色塞规两种，由于涂色塞规的设计和检验都比较简单，故在工件测量中得到普遍使用。根据泰勒公式的极大极小原则，在锥度塞规大端设计一个止口，根据最大尺寸和止口下端尺寸换算出止口的高度尺寸。产品的锥度由塞规锥度来检验并保证。通过正确控制塞规长度，也能在一定程度上控制产品小径尺寸。用锥度塞规检验产品时，通过千分表来判断产品大径是否合格。锥度塞规大端不应低于被检产品大端，锥度塞规止口下端不应高于被检产品大端，否则被检产品大径不合格。

圆锥量规的大端或小端有两条刻线，距离为 Z，该距离值 Z 代表被检圆锥的直径公差 T 在轴向的量。被检件的端面若在距离为 Z 的两条刻线之间，则其直径合格。

2. 圆球法

利用两个钢球测量内锥角的方法如图 4-7 所示，已知大钢球半径为 R，小钢球半径为 r，将被测工件小端的端面放在平板上，将小钢球轻轻放在锥孔内，测出尺寸 M，取出小钢球。接着，将大钢球放在锥孔内，测出尺寸 H 便可得到 α 值，即

$$\sin\alpha = \frac{R-r}{(H-R)-(M-r)} \qquad (4-6)$$

将上式看成函数，令 $\sin\alpha = f(H, R, r, M)$，并对

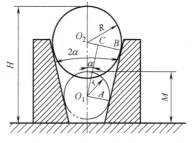

图 4-7　圆球法测量内锥角示意图

式（4-6）取全微分，得

$$d(f) = \frac{\partial f}{\partial H}dH + \frac{\partial f}{\partial R}dR + \frac{\partial f}{\partial r}dr + \frac{\partial f}{\partial M}dM$$

通过对函数误差分析可知，$R-r$ 越大，$H-M$ 越大，则误差越小，所以用钢球法测量圆锥孔锥角时，应尽量使两圆球分别尽量接近圆锥孔的两端位置进行测量。

4.1.6　小角度的测量

1. 反射法

反射法原理是利用光学可使物体和像分别位于共轭平面上，当物体发生转动时，物体在像面上所成的像也随之发生移动。将光束投射到被测物体上，通过测量像的移动距离便可以求出物体的转动角度。

如图 4-8 所示为反射法测量小角度示意图。

由光源发出的光线照射到位于物镜焦平面上的分划板上的 A 点时，如果 A 点在物镜的光轴上，那么由它发出的光线通过物镜后，成一束与光轴平行的平行光线射向反射镜。若光线仍然按原路返回（即反射镜面

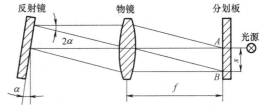

图 4-8　反射法测量小角度示意图

垂直于光轴），经物镜后仍成像在分划板上的 A 点处，与原来目标重叠，没有误差。当反射镜与光轴有一倾角 α 时，则反射光线的偏转角为 2α，通过物镜后成像在分划板上的 B 点处，此时线位移 $AB=s$，可利用此线位移表示偏转角的大小，即

$$s = f\tan 2\alpha$$

式中，f 为物镜焦距；α 为反射镜倾角。当 α 很小时，由 $\tan 2\alpha \approx 2\alpha$，得

$$\alpha = \frac{s}{2f}$$

2. 水准法

水准法测量小角度一般利用水平仪实现工件表面相对水平面或铅垂面倾斜角的测量。水平仪是一种用来测量被测平面相对水平面或铅垂面的微小角度的计量器具，主要用于检验机床设备导轨的直线度，检测机件工作面的平行度、垂直度，以及调整设备安装的水平位置，也可以用来测量工件的微小倾角。水平仪有电子水平仪和水准式水平仪，常用的水准式水平仪又有条式水平仪、框式水平仪和合像水平仪三种结构形式，其中以框式水平仪应用最多。

水准仪的玻璃管上有刻度，管内装有乙醚或乙醇，管内液体不装满而留有一个气泡。气泡的位置随被测表面相对水平面的倾斜程度而变化，且其总是向高的位置移动，若气泡在玻璃管正中位置，则说明被测表面水平。如图 4-9 所示，气泡向右移动了一格，说明右边高，图中，水准仪的分度值为 $0.02\text{mm}/1000\text{mm}$（$4''$），工件在 1000mm 长度上两

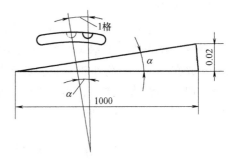

图 4-9　水准仪测量小角度示意图

端高度差为 0.02mm，则表示被测表面倾斜了 4″。

若设被测表面长度为 l，测量时气泡移动了 n 格，则相对倾角为

$$\alpha = 4'' \times n$$

被测长度上的两端高度差为

$$H = \frac{0.02}{1000}ln$$

【例 4.1】　用一分度值为 0.02mm/000mm（4″）的水准仪测量长度为 600mm 的导轨工作面的倾斜程度，测量时水准仪的气泡移动了 3 格，求该导轨工作面相对水平面的倾斜角度。

解： 由题意可知

$$\alpha = 4'' \times n = 4'' \times 3 = 12''$$

导轨工作面两端高度差为

$$H = \frac{0.02}{1000}ln = \frac{0.02}{1000} \times 600\text{mm} \times 3 = 0.036\text{mm}$$

3. 正弦法

正弦法测量小角度利用的是正弦原理，如图 4-10 所示。其中心距为一定长度的情况下，其一端转过的小角度与其另一端的位移量成正比，利用精密测长的方法测出此位移量即可求得小角度值。该法常用于高精度的角度测量和检验，如检验自准直仪和水平仪等的示值误差。

4. 干涉法

（1）仪器测量原理　干涉法测量如图 4-11a、b 所示。测量时，先将被测的小角度试件粘合在平面上，并将平面置于干涉仪工作台上。如图 4-11c、d 所示，图中 Ⅰ、Ⅱ

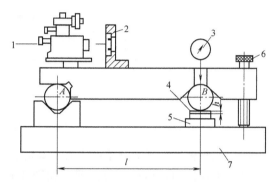

图 4-10　正弦法测量小角度示意图
1—被测自准直仪　2—反射镜　3—测微计
4—量块　5—小平台　6—旋钮　7—底座

为被测角度的两个工作面，Ⅲ 为参考平面的像。参考平面的像 Ⅲ 与平面 Ⅰ、Ⅱ 之间的夹角分别为 α_1、α_2，若从仪器目镜中读出 h_1、h_2、l_1 和 l_2，则

$$\alpha_1 = \frac{h_1}{l_1} \times \frac{\lambda}{2}$$

$$\alpha_2 = \frac{h_2}{l_2} \times \frac{\lambda}{2}$$

式中，λ 为波长。

对图 4-11c 所示情况，被测试件的角度为 $\alpha_1 + \alpha_2$。

对图 4-11d 所示情况，被测试件的角度为 $\alpha_2 - \alpha_1$。

（2）参考平面像 Ⅲ 的位置判断　测量时可用手轻按镜筒，使参考镜有微小角度变化。若使角 α_1、α_2 一个增大、一个减小，如图 4-11c 所示，则干涉条纹一组变密，一组变疏，两组条纹向相反方向移动。若使角 α_1、α_2 同时增大或减小，如图 4-11d 所示，则两组干涉条纹同时变密或变疏，两组条纹同向移动。

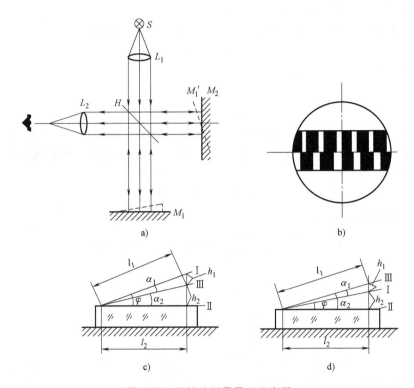

图 4-11　干涉法测量原理示意图

（3）测量精度　当被测角度不大于 2′时，其测量误差不超过 0.3″。

（4）干涉法测量小角度的原理　如图 4-12 所示，角度 α 可通过高度 h 与边长 l 确定。用光波干涉法测量时，h 可用光波的波长为单位进行测量。若在长度 l 上有 n 条等距干涉条纹，则

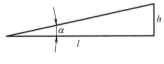

图 4-12　干涉法测量
小角度示意图

$$h = \frac{n\lambda}{2} \tag{4-7}$$

因为

$$\tan\alpha = \frac{h}{l} = \frac{n\lambda}{2l} \tag{4-8}$$

当 α 很小时，有

$$\alpha = \frac{n\lambda}{2l} \tag{4-9}$$

4.2　正弦规测量锥角

4.2.1　测量目标

1）掌握正弦规的使用方法及外圆锥角的检验方法。

2）掌握间接测量法的数据处理方法及误差合成方法。

3）加深对误差传递函数的理解。

4.2.2　测量设备及测量内容

1. 实验设备

正弦规，其主要技术参数见表 4-2。

表 4-2　正弦规主要技术参数

两圆柱中心距 L/mm	100	200
两圆柱中心距 L 的公差/μm	±3	±5
两圆柱公切面与顶面的平行度/μm	2	3
两圆柱的直径差/μm	3	3

2. 测量内容

应用正弦规测量小角度外圆锥面的锥角误差。

4.2.3　工作原理

如图 4-13 所示，正弦规是由本体 2 和固定在本体两端的直径相同的圆柱 1、3 所组成的精密测量工具。按工作面宽度的不同，它分为宽型和窄型两种，主要用于测量小角度外圆锥面的锥角。

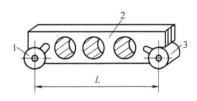

图 4-13　正弦规外形图

1、3—精密圆柱体　2—本体

正弦规测量角度的原理是以直角三角形的正弦函数为基础进行测量的，如图 4-14 所示。

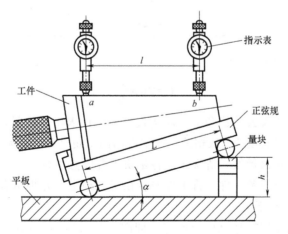

图 4-14　用正弦规测量锥度

将正弦规放在平板上，并用合适的量块垫在一端的圆柱下方，则可将正弦规的测量面与平板面的夹角定义为被测圆锥面的名义锥角 α，而 α、量块高度 h 和两圆柱中心距 L 构成一种正弦关系，即 $\sin\alpha = \dfrac{h}{L}$，则

$$h = L\sin\alpha \qquad\qquad (4\text{-}10)$$

按式（4-10）算出 h 值，并用量块垫好，然后放上被测锥体，用千分表测定其母线 ab 与平板平面（基准平面）平行度的差数 $\Delta h'$，若实际锥角的大小等于名义锥角，则母线 ab 与基准面平行，即 $\Delta h' = 0$，否则实际锥角就有误差 $\Delta\alpha$，且有

$$\Delta\alpha \approx \tan(\Delta\alpha) = \frac{\Delta h'}{l}\text{rad} \qquad\qquad (4\text{-}11)$$

如果以秒（″）表示，则因 1 弧度约等于 $2\times10^5{''}$，则有

$$\Delta\alpha = \frac{\Delta h'}{l}\times2\times10^5{''}$$

4.2.4 测量步骤

1）查表 4-3，根据已知的莫氏锥号，查得对应的外锥大径公称尺寸 D 及锥度 C，然后可以按锥度算出锥角 α（注意，是全锥角，不是半锥角）。

表 4-3　莫氏锥号与外锥大径公称尺寸 D 及锥度 C

莫氏锥号	外锥大径公称尺寸 D/mm	锥度 C
0	9.045	1 : 19.212
1	12.065	1 : 20.047
2	17.78	1 : 20.020
3	23.825	1 : 19.922
4	31.267	1 : 19.254
5	44.399	1 : 19.002
6	63.348	1 : 19.180

锥度 C 与圆锥角 α 的关系为

$$C = 2\tan\frac{\alpha}{2}$$

2）由正弦规长度 L 及公称锥角 α，根据式（4-10）求出所需量块高度 h，按被测工件的圆锥角公差 AT 和圆锥长度 L，从相关手册中查出圆锥角公差，并确定其上下极限偏差。

3）按量块高度 h 选出量块，清洗干净各量块组合成量块组。

4）擦净平板、正弦规及工件，将工件安装在正弦规上，并将组合好的量块组放在工件圆锥面小端的正弦规圆柱下方。

5）在被测工件表面用记号笔标出两点，即图 4-14 所示 a、b 两点，然后用钢卷尺测得两点间的距离 l。

6）移动指示表，使指示表的测量头分别通过点 a 和点 b，并进行测量读数，测量 5 次，做记录，算出平均值。

7）根据式（4-11）计算 $\Delta\alpha$（注意 $\Delta h = h_a - h_b$ 的正负号）。

8）评定是否合格，完成测试报告。

4.3　钢球法测量圆锥环规

4.3.1　测量目标

掌握用钢球法测量锥孔锥角的方法。

4.3.2　测量设备及测量内容

1. 测量设备

大、小钢球，深度游标卡尺或深度百分尺。

2. 测量内容

利用大、小钢球，深度游标卡尺或深度百分尺在平台上测量莫氏锥孔的锥角。

4.3.3　测量原理

如图 4-15 所示，它是利用尺寸和形状较准确的直径不同的两个钢球放入被测圆锥孔中，用深度游标卡尺（或深度百分尺）分别测量出其钢球顶点至上基面的距离 h 及 H，而后用计算方法求出圆锥角 α，其计算公式为

$$\sin\frac{\alpha}{2}=\frac{D-d}{2L} \qquad (4-12)$$

又 $L=H-h-\dfrac{D}{2}+\dfrac{d}{2}$ 号，代入式（4-12）得

$$\sin\frac{\alpha}{2}=\frac{D-d}{2(H-h)-(D-d)} \qquad (4-13)$$

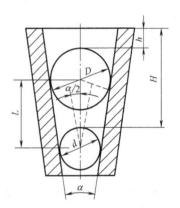

图 4-15　钢球法测量内孔锥度

4.3.4　测量步骤

1）根据被测锥孔的圆锥角公差 AT 及圆锥长度 L，从相关手册中查出圆锥角公差，并确定锥角的上下极限偏差和半锥角的上下极限偏差。

2）根据被测锥孔大端与小端的尺寸，选取两个适当的不同尺寸的钢球，并用量块比较测量出钢球的实际尺寸。

3）在小端内放入挡棒（木棒或铜棒），先将小钢球缓慢放入孔中，而后抽去挡棒（切忌不用挡棒就将钢球放入，不用挡棒会造成钢球卡死在孔内不易拿出的情况），用深度游标卡尺（或深度百分尺）量出球顶至大端面的距离 H；取出小钢球，再按上述步骤将大钢球缓慢放入孔中，量出球顶至大孔端面的距离 h，将量得的 H 和 h 数值记录下来。

4）计算出锥孔的半锥角大小，评定是否合格。

5）完成测试报告。

第**5**章

螺 纹 测 量

螺纹测量分为综合测量和单项测量。综合测量是用螺纹量规进行测量的，它只能判断螺纹合格与否。综合测量适用于一般螺纹零件制造过程中的检验，对一些高精度螺纹，仅用综合测量是不能满足测量精度要求的，而必须采用单项测量。单项测量主要用于高精度的螺纹量规、各种测微螺钉、大螺纹制件，以及对螺纹加工偏差进行工艺分析时的测量。单项测量需对影响螺纹配合性质的螺距、中径与牙侧角三个主要参数进行测量。本章采用工具显微镜测量各单项指标，用三针法和螺纹千分尺测量螺纹中径。

5.1 螺纹的基本知识

5.1.1 螺纹的分类及基本几何参数

1. 螺纹的分类

螺纹的分类方法很多，按螺纹的牙型可分为三角形、梯形、锯齿形、圆形等；按螺纹的外廓形状可分为圆柱螺纹和圆锥螺纹。目前我国螺纹标准基本上是按用途来分类的，主要分为以下几类。

1）紧固螺纹，主要有普通螺纹和寸制螺纹。

2）管螺纹，有圆柱、圆锥（米制、寸制）等不同种类的螺纹。

以上两类用于紧固和联接。

3）传动螺纹，主要包含以传递运动为主的梯形螺纹和以传递动力为主的矩形螺纹。

4）特种（专用）螺纹，如石油钻井螺纹、灯泡螺纹、气瓶螺纹等。

应用最广的是普通螺纹、管螺纹和梯形螺纹。

2. 螺纹的基本几何参数

普通螺纹的基本几何参数如图 5-1 所示。

1）大径（D 或 d）：与外螺纹的牙顶或内螺纹的牙底相重合的假想圆柱的直径。

2）小径（D_1 或 d_1）：与内螺纹牙顶或外螺纹的牙底相重合的假想圆柱的直径。

3）公称直径：代表螺纹尺寸的直径，指螺纹大径的基本尺寸。

4）中径（D_2 或 d_2）：一个假想圆柱的直径，该圆柱母线通过圆柱螺纹上牙厚与牙槽宽相等的地方。

5）单一中径（D_{2s} 或 d_{2s}）：一个假想圆柱的直径，该圆柱的母线通过牙型上牙槽宽等于基本螺距一半的地方。

6）作用中径（D_{2m} 或 d_{2m}）：在规定的旋合长度内恰好包容实际螺纹的一个假想螺纹的中径，该假想螺纹具有基本牙型的螺距、牙侧角及牙型高度，并在牙顶、牙底处留有间隙，以保证不在实际螺纹大径、小径处发生干涉。

7）螺距（P）：相邻两牙在中径线上对应两点间的轴向距离。

8）导程：同一螺旋线上的相邻两牙在中径线上对应两点间的轴向距离。

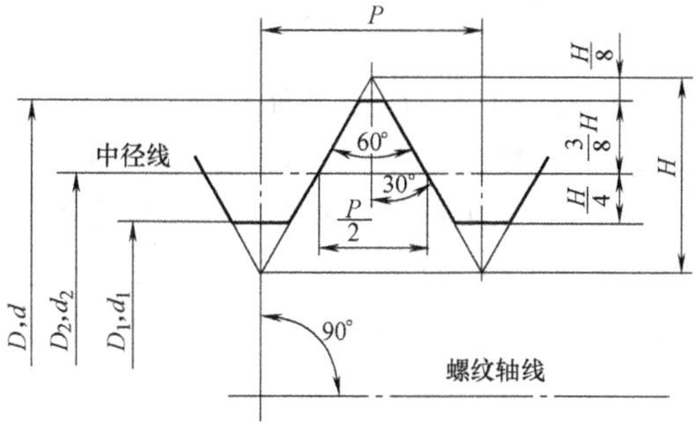

图 5-1　普通螺纹的基本几何参数

9）螺纹轴线：中径圆柱的轴心线。

10）导程角（φ）：在中径圆柱上螺旋线的切线与垂直于螺纹轴线的平面之间的夹角。

11）螺纹旋合长度：两个相互配合的内、外螺纹沿轴线方向相互旋合螺纹部分的长度。

普通螺纹大径（D 或 d）和螺距（P）是由结构设计的需要给出的，其他参数则可以根据关系式计算得出。

外螺纹中径：

$$d_2 = d - 2 \times \frac{3}{8} H \tag{5-1}$$

内螺纹中径：

$$D_2 = D - 2 \times \frac{3}{8} H \tag{5-2}$$

外螺纹小径：

$$d_1 = d - 2 \times \frac{5}{8} H \tag{5-3}$$

内螺纹小径：

$$D_1 = D - 2 \times \frac{5}{8} H \tag{5-4}$$

外螺纹最小小径：

$$d_{1min} = d - 1.299P \tag{5-5}$$

最小圆弧半径：

$$R_{1min} = 0.125P \tag{5-6}$$

$$H = \frac{\sqrt{3}}{2} P = 0.866P \tag{5-7}$$

式中，H 为构成牙型的原始三角形高度。

螺纹联接要实现其互换性，必须保证良好的旋合性和一定的联接强度。影响螺纹互换性的主要几何参数有大径、小径、中径、螺距和牙侧角。圆柱内、外螺纹加工后，外螺纹的大径和小径要分别小于内螺纹的大径和小径，才能保证旋合性。螺纹旋合后主要依靠牙侧面工作，如果内、外螺纹的牙侧接触不均匀，就会造成载荷分布不均，从而降低螺纹配合的均匀性和联接强度。因此对螺纹互换性影响较大的是中径、螺距、牙侧角 3 个参数。

5.1.2 螺纹的合格性判断

判断螺纹的合格性是判断大径、中径、小径和螺距的偏差、牙侧角偏差的合格性。

由于累积螺距偏差和牙侧角偏差可以折算到中径上，因此中径偏差和螺距偏差、牙侧角偏差的综合结果可按泰勒原理判断，从而确定螺纹的作用中径和单一中径的合格性。

1. 作用中径

作用中径是螺纹的作用尺寸，其能够综合反映中径、螺距、牙侧角等螺纹各主要参数的影响。

当实际外螺纹存在螺距偏差和牙侧角偏差时，它不能与相同中径的理想内螺纹旋合，而只能与一个中径较大的理想内螺纹旋合，相当于外螺纹的中径增大了，如图 5-2 所示。

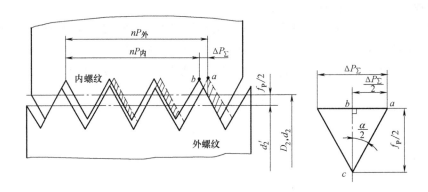

图 5-2 累积螺距偏差对螺纹旋合性的影响

该增大的假想中径称为外螺纹的作用中径 d_{2m}，等于外螺纹的实际中径 d_{2a}、螺距偏差的中径当量 f_P 及牙侧角偏差的中径当量 $f_{\frac{\alpha}{2}}$ 之和，即

$$d_{2m} = d_{2a} + f_P + f_{\frac{\alpha}{2}} \tag{5-8}$$

同理，当内螺纹存在螺距偏差和牙侧角偏差时，只能与一个中径较小的理想外螺纹旋合，相当于外螺纹的中径减小了。该减小的假想中径称为内螺纹的作用中径 D_{2m}，等于内螺纹的实际中径 D_{2a}、螺距偏差的中径当量 F_P 及牙侧角偏差的中径当量 $F_{\frac{\alpha}{2}}$ 之差，即

$$D_{2m} = D_{2a} - F_P - F_{\frac{\alpha}{2}} \tag{5-9}$$

作用中径具有理想的螺距、牙侧角和牙型高度，并且分别能够在牙顶处和牙底处留有间隙，以保证它包容实际螺纹时在两者的大径、小径处不发生干涉。

2. 螺纹中径合格性判断原则

中径合格与否是衡量螺纹互换性好坏的主要依据。判断中径的合格性应遵循泰勒原则：实际螺纹的作用中径不允许超出最大实体牙型的中径，以保证旋合性；任何部位的单一中径不允许超出最小实体牙型的中径，以保证联接强度。

所谓最大和最小实体牙型是指在螺纹中径公差范围内，分别具有材料量最多和最少而且具有与基本牙型一致的螺纹牙型。外螺纹的最大和最小实体牙型中径分别等于其中径最大和最小极限尺寸 d_{2max}、d_{2min}，内螺纹的最大和最小实体牙型中径分别等于其中径最小和最大极限尺寸 D_{2max}、D_{2min}。因此，螺纹的合格条件如下。

外螺纹：

$$d_{2m} \leqslant d_{2max} \qquad d_{2a} \geqslant d_{2min} \tag{5-10}$$

内螺纹：

$$D_{2m} \leqslant D_{2min} \qquad D_{2a} \geqslant D_{2max} \tag{5-11}$$

5.2　用工具显微镜测量外螺纹

5.2.1　测量目标

1）了解工具显微镜的结构原理，掌握其测量方法。

2）掌握用工具显微镜测量螺纹单项指标的方法，通过计算进一步加深对作用中径的理解。

5.2.2　测量设备及测量内容

1. 测量设备

大型工具显微镜和小型工具显微镜，主要技术参数见表5-1。

表 5-1　工具显微镜的主要技术参数

测量设备	长度测量分度值/mm	纵向移动范围/mm	横向移动范围/mm	角度测量分度值/(′)	转动范围/(°)
大型工具显微镜	0.01	0~150	0~50	1	0~360
小型工具显微镜	0.01	0~75	0~25	1	0~360

2. 测量内容

应用大型（或小型）工具显微镜，测量四级精度螺纹工件的中径、螺距及牙侧角，由测量结果计算其作用中径。

5.2.3　仪器结构及测量原理

工具显微镜是一种光学计量仪器，可用于直线尺寸和角度尺寸的测量，对螺纹刀具、样板等外形复杂的工件尤为适用。仪器按测量的范围和精度可分为小型、大型、万能及巨型等多种，目前还有的仪器会附有微处理机和数显等装置，其读数精度和测量效率都有较大提高。

工具显微镜光路原理如图5-3所示。由主光源1发出的光经滤色片2、可变光阑3、反射镜4、聚光镜5形成平行光束投射在工作台6上，当在工作台上放置被测工件时，一部分光被被测工件遮掉，因此被测工件的外形轮廓通过物镜7、正像棱镜8而在米字分划板10（又称为刻度盘）上形成正立的像，可由目镜11观察瞄准，利用工作台6上的纵向和横向测微器的移动来测得长度尺寸，利用测角目镜12测出角度值。

纵向和横向测微器的螺距均为1mm，刻度套筒上均等分100格，故其分度值为0.01mm，固定套管上的刻度为25mm，加量块后大型工具显微镜的纵向测量长度为150mm，横向测量长度为50mm。小型工具显微镜的纵向测量长度为75mm，横向测量长度为25mm。

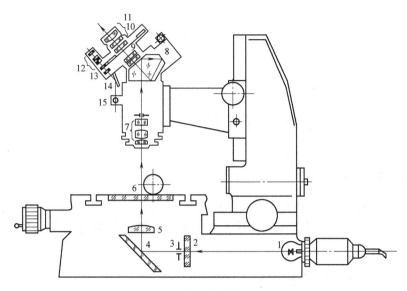

图 5-3　工具显微镜光路原理

1—主光源　2—滤色片　3—可变光阑　4、14—反射镜　5—聚光镜　6—回转工作台　7—物镜　8—正像棱镜
9—保护玻璃　10—米字分划板　11—目镜　12—测角目镜　13—角度分划板　15—副光源

大型工具显微镜的目镜按不同的用途分为测角目镜、双像目镜、轮廓目镜等多种。一般测量长度或角度都采用测角目镜（又称为细线网目镜）来瞄准和测量读数。如图 5-4a 所示，测角目镜中分划板的刻线有：①相互垂直的 2 条虚线，又称为十字虚线；②与十字虚线之一平行的 4 条虚线（两对对称虚线）；③2 条交叉成 60° 的细实线，与上述 4 条平行虚线交叉成 30°；④沿分划板圆周分布有 0°~360° 的刻度线，分度值为 1°，在其上部有一片固定的细分度分划板，将圆周上 1° 所对应的弧长细分为 60 等份，如图 5-4b 所示，故其分度值为 1′，图中的角度读数为 30°15′。

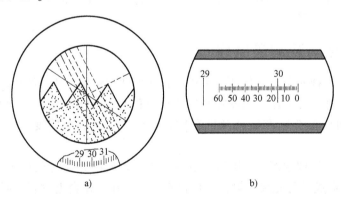

图 5-4　测角目镜

a）分划板　b）读数为 30°15′

测角目镜中分划板的中心与光轴（光路中光束的轴线）重合。分划板可沿此中心回转，当角度读数为 0° 时，分划板上的 5 条平行虚线垂直于纵向滑板的移动方向，故在螺纹的测量中，当螺纹轴线与纵向滑板移动方向一致时，可直接用虚线对准刻度并读出牙侧角。

在工具显微镜上测量螺纹可采用影像法、轴切法及干涉法等。本节测量采用影像法，即利用主显微镜目镜分划板的十字虚线配合工作台的纵、横向移动，使十字虚线与被测螺纹牙型相切，读出数值，然后借助工作台移动被测部位，使十字虚线与对应螺纹牙型相切，两次读数之差即为被测尺寸（长度或角度）。

测量时仪器的立柱应顺着螺旋线方向倾斜，以得到清晰的影像。测量时，对线方法一般有重叠对线法（即压线法）和间隙对线法。如图 5-5a 所示为重叠对线法，即分划板上的虚线与轮廓影像边缘正好重叠，对线时以米字线的交点为依据，而以虚线的延长线作为参考线，此法适用于长度测量。间隙对线法如图 5-5b 所示，该法使虚线与轮廓影像保持狭窄的光缝，利用均匀性来确定对准的精确度，此法适用于角度测量。

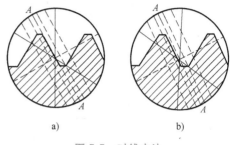

图 5-5　对线方法

a）重叠对线法　b）间隙对线法

5.2.4　测量步骤

1. 工具显微镜各部件功能

了解工具显微镜各部件功能，并掌握测量操作步骤，大型工具显微镜外形结构如图 5-6 所示。

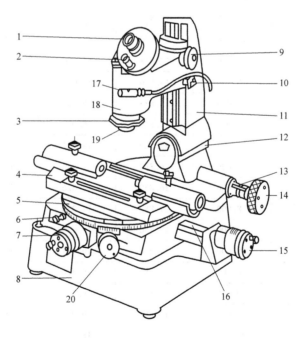

图 5-6　大型工具显微镜外形结构

1—中央目镜　2—测角目镜　3—微调焦环　4—顶针架　5—回转工作台　6—回转工作台紧固螺钉　7—横向测微器　8—底座　9—升降手轮　10—紧固螺钉　11—立柱　12—立柱转轴　13—立柱倾角刻度管　14—手轮　15—纵向测微器　16—量块　17—测角目镜照明器　18—悬臂　19—物镜　20—回转工作台手轮

2. 中径的极限尺寸

根据被测螺纹的尺寸及精度，查表5-2得中径的极限尺寸。

表5-2　4h外螺纹的极限尺寸（摘自 GB/T 15756—2008）　　（单位：mm）

公称直径 d	螺距 P	大径		中径		小径（参考）
		d_{max}	d_{min}	d_{2max}	d_{2min}	d_{1max}
10	0.75	10.000	9.910	9.513	9.450	9.080
	1	10.000	9.888	9.350	9.270	8.773
	1.25	10.000	9.868	9.188	9.113	8.466
	1.5	10.000	9.850	9.026	8.941	8.160
11	0.75	11.000	10.910	10.513	10.450	10.080
	1	11.000	10.888	10.350	10.279	9.773
	1.5	11.000	10.850	10.026	9.941	9.160
12	1	12.000	11.888	11.350	11.275	10.773
	1.25	12.000	11.868	11.188	11.103	10.466
	1.5	12.000	11.850	11.026	10.936	10.160
	1.75	12.000	11.830	10.963	10.768	9.853
14	1	14.000	13.888	13.350	13.275	12.773
	1.5	14.000	13.850	13.026	12.936	12.160
	2	14.000	13.820	12.701	12.601	11.546
15	1	15.000	14.888	14.350	14.275	13.773
	1.5	15.000	14.850	14.026	13.936	13.160
16	1	16.000	15.888	15.350	15.275	14.733
	1.5	16.000	15.850	15.026	14.936	14.160
	2	16.000	15.820	14.701	14.601	13.545
17	1	17.000	16.888	16.350	16.275	15.773
	1.5	17.000	16.850	16.026	15.936	15.160
18	1	18.000	17.888	17.350	17.257	16.773
	1.5	18.000	17.850	17.026	16.936	16.160
	2	18.000	17.820	16.701	16.601	15.546
	2.5	18.000	17.788	16.376	16.270	14.933
20	1	20.000	19.888	19.350	19.275	18.773
	1.5	20.000	19.850	19.026	18.936	18.160
	2	20.000	19.820	18.701	18.601	17.546
	2.5	20.000	19.788	18.376	18.270	16.933
22	1	22.000	21.888	21.350	21.275	20.773
	1.5	22.000	21.850	21.026	20.936	20.160
	2	22.000	21.820	20.701	20.601	19.546
	2.5	22.000	21.788	20.376	20.270	18.933

（续）

公称直径 d	螺距 P	大径		中径		小径（参考）
		d_{max}	d_{min}	d_{2max}	d_{2min}	d_{1max}
24	1	24.000	23.888	23.350	23.270	22.773
	1.5	24.000	23.850	23.026	22.931	22.160
	2	24.000	23.820	23.701	22.595	21.546
	3	24.000	23.764	22.051	21.926	20.319

注：加粗数字为粗牙螺纹螺距。

3. 接通电源，检查光路系统

根据被测螺纹中径和牙侧角，查表 5-3，调整光圈值，转动目镜镜头，使视场中分划板上的刻线最清晰。

表 5-3　光阑孔径（牙型角 $\alpha = 60°$）　　　　　　　　（单位：mm）

螺纹中径 d_2		10	12	14	16	18	20	25	30
光阑孔径	大型工具显微镜（JGX-2 型）	11.9	11	10.4	10	9.5	9.3	8.6	8.1
	小型工具显微镜（JGX-2 型）	9.6	9.0	8.6	8.2	7.9	7.6	7.1	6.7

4. 安装附件

在顶针架 4 上装好仪器附件（调焦棒），松开紧固螺钉 10，转动升降手轮 9，使调焦棒中的刀刃清晰（调物镜焦距）；转动纵向测微器 15，使回转工作台 5 纵向移动方向与调焦棒中刀刃边缘一致（调基准），如图 5-7 所示。

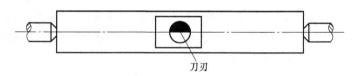

刀刃

图 5-7　工作台纵向移动方向与调焦棒中刀刃边缘一致

5. 安放被测螺纹工件

将顶针架上调焦棒换成被测螺纹工件，转动手轮 14，倾斜立柱 11 与被测螺纹导程角方向一致，角度 $\varphi = \arctan \dfrac{P}{\pi d_2}$（单线螺纹），或由表 5-4 查得，此时螺纹牙型清晰。

表 5-4　立柱倾斜角 φ（单线螺纹）

螺纹大径 d/mm	10	12	14	16	18	20	22	24	27	30
螺距 P/mm	1.5	1.75	2	2	2.5	2.5	2.5	3	3	3.5
立柱倾斜角 φ	3°01′	2°56′	2°52′	2°29′	2°47′	2°27′	2°13′	2°27′	2°10′	2°17′

6. 螺纹参数测量

螺纹参数测量包括测量外螺纹中径、螺距及牙侧角。

（1）外螺纹中径的测量　螺纹中径处，螺纹上牙厚与牙槽宽相等，因此对于单线螺纹，它的中径也等于在轴截面内，沿着与轴线垂直的方向量得的两个相邻两牙的相对侧面间的距离。

螺纹中径测量示意图如图 5-8 所示，先使目镜分划板中的平行虚线与螺纹牙型影像一个侧边重合（用压线法），且使其交叉点大致落在侧边中点上，如位置Ⅰ所示，记下横向测微器上的读数Ⅰ$_横$（此时纵向测微器不动）；转动横向测微器，使另一侧对应牙与分划板上的同一虚线重合，注意立柱倾斜方向的调整，保证牙型影像清晰，如位置Ⅱ所示，记下横向测微器读数Ⅱ$_横$。此两次读数差|Ⅱ$_横$－Ⅰ$_横$|就等于此螺纹的中径。

由于被测螺纹存在安装误差，故应使螺纹轴线与转向工作台纵向导轨方向（测量轴线）不重合，即其轴线不能与横向导轨绝对垂直。为了消除这种安装误差对测量结果的影响，实际测量时还应测出相邻的另一（反向）牙上的中径（图 5-8 中Ⅲ-Ⅳ位置），然后取其平均值，即

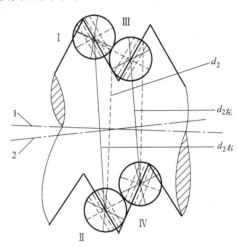

图 5-8　螺纹中径测量示意图
1—螺纹轴线　2—测量轴线

$$d_2 = \frac{d_{2左} + d_{2右}}{2}$$

（2）螺距 P 的测量　采用影像法测量螺纹螺距如图 5-9 所示，先将目镜分划板上的平行虚线与螺纹牙型影像一侧重合（压线法），且使其交叉点大致落在侧边中点上，如图 5-9 中位置Ⅰ所示，记下纵向测微器读数Ⅰ$_纵$（横向测微器不动）；转动纵向测微器，使螺纹影像移过 n 个螺距后（n 可按螺纹旋合长度的不同取 3~6），使另一牙的同侧边与分划板上的平行虚线相重合，如图 5-9 中位置Ⅱ所示，记下纵向测微器的读数Ⅱ$_纵$，这两次读数之差绝对值|Ⅱ$_纵$－Ⅰ$_纵$|，即为此螺纹 n 个牙（图 5-9 中为 2 个牙）的螺距 $P_{n右}$。一般应测出螺纹在任意旋合长度内最大的累积螺距偏差 $\Delta P_{\sum n}$。

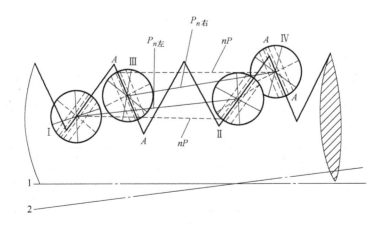

图 5-9　影像法测量螺纹螺距示意图
1—螺纹轴线　2—测量轴线

同理，为了消除螺纹安装误差的影响，实际测量时，还应测出相邻的另一（反向）牙面的螺距（Ⅲ-Ⅳ）位置，然后取其平均值：

$$P_n = \frac{P_{n左} + P_{n右}}{2}$$

式中，P_n 为 n 个牙的实际螺距；$P_{n左}$ 为 n 个牙左牙面的实际螺距，$P_{n左} = |Ⅱ_纵 - Ⅰ_纵|$；$P_{n右}$ 为 n 个牙右牙面的实际螺距，$P_{n右} = |Ⅳ_纵 - Ⅲ_纵|$。

$$\Delta P_{\Sigma n} = |P_n - nP|$$

式中：$\Delta P_{\Sigma n}$ 为 n 个牙的螺距偏差；nP 为 n 个牙的公称螺距。

（3）牙侧角的测量　用影像法测量牙侧角时，先使分划板上的平行虚线与被测牙型轮廓的一侧边相重合，测量时可用间隙对线法，且使交叉点大致落在影像侧边中点上，如图 5-10 中位置 Ⅰ 所示，记下测角目镜中的角度读数 $\frac{\alpha_Ⅰ}{2}$（即左半角）；调节纵向、横测微器及分划板，使螺牙另一侧边与上述分划板上的虚线重合，如图 5-10 中位置 Ⅱ 所示，记下角度读数 $\frac{\alpha_Ⅱ}{2}$（即右半角）。测量时注意立柱倾斜方向的正确性，并保证牙型影像清晰。

同理，如果螺纹轴线与测量轴线不一致，则由同一螺旋面所形成的前、后边牙侧角会不相等，即

$$\frac{\alpha_Ⅰ}{2} \neq \frac{\alpha_Ⅳ}{2}, \frac{\alpha_Ⅱ}{2} \neq \frac{\alpha_Ⅲ}{2}$$

为了消除安装误差的影响，再测出另一边的左、右半角，如图 5-10 中的位置 Ⅲ、Ⅳ 所示。右半角为 $\frac{\alpha_Ⅲ}{2}$，左半角为 $\frac{\alpha_Ⅳ}{2}$。

此螺纹的实际左、右半角计算如下为

$$\frac{\alpha_左}{2} = \frac{\frac{\alpha_Ⅰ}{2} + \frac{\alpha_Ⅳ}{2}}{2}('）$$

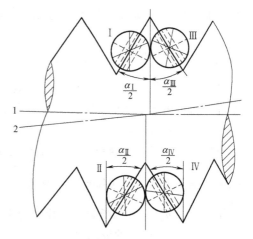

图 5-10　螺纹牙侧角的测量
1—螺纹轴线　2—测量轴线

$$\frac{\alpha_右}{2} = \frac{\frac{\alpha_Ⅱ}{2} + \frac{\alpha_Ⅲ}{2}}{2}('）$$

牙侧角偏差则将它们与牙侧角的公称值相比较，对于米制螺纹 $\frac{\alpha}{2} = 30°$。

7. 判断适用性

将测量结果记入测试报告，进行精度评定。由于螺纹的各单项偏差会综合影响螺纹的旋入性，因此将测量结果按式（5-8）计算出螺纹的作用中径，然后与标准规定的公差及偏差相比较，得出适用性结论。

5.2.5　数据处理

作用中径是指螺纹配合时实际起作用的中径，它是与作用尺寸相似的概念。当外螺纹有

了螺距偏差和牙侧角偏差时，相当于外螺纹的中径增大了，这时它只能与一个中径较大的理想内螺纹旋合。这个假想的螺纹中径称为外螺纹的作用中径，用 d_{2m} 表示，它等于外螺纹的单一中径 d_{2s}（实际中径）与螺距偏差及牙侧角偏差的中径当量之和，即

$$d_{2m} = d_{2s} + \left(f_P + f_{\frac{\alpha}{2}}\right)$$

螺距偏差中径当量计算公式为

$$f_P = 1.732\Delta P_{\sum n}$$

式中，$\Delta P_{\sum n}$ 为 n 个牙的螺距偏差。

牙侧角的中径当量计算公式为

$$f_{\frac{\alpha}{2}} = 0.073P\left(K_1\left|\Delta\frac{\alpha_{左}}{2}\right| + K_2\left|\Delta\frac{\alpha_{右}}{2}\right|\right)$$

式中，系数 K_1，K_2 的数值分别取决于 $\Delta\frac{\alpha_{左}}{2}$，$\Delta\frac{\alpha_{右}}{2}$ 的正负号。对于外螺纹，$\Delta\frac{\alpha_{左}}{2}$ 或 $\Delta\frac{\alpha_{右}}{2}$ 为负时，相应的 K_1 或 K_2 取 3；$\Delta\frac{\alpha_{左}}{2}$ 或 $\Delta\frac{\alpha_{右}}{2}$ 为正时，相应的 K_1 或 K_2 取 2。对于内螺纹，$\Delta\frac{\alpha_{左}}{2}$ 或 $\Delta\frac{\alpha_{右}}{2}$ 为负时，相应的 K_1 或 K_2 取 2；$\Delta\frac{\alpha_{左}}{2}$ 或 $\Delta\frac{\alpha_{右}}{2}$ 为正时，相应的 K_1 或 K_2 取 3。

对于普通螺纹而言，没有单独规定螺距及牙侧角的公差，只规定了一个中径公差。这个公差可以同时用来限制单一中径、螺距及牙侧角 3 个要素的偏差。因此，中径公差是衡量螺纹互换性的主要指标。

【例 5.1】 有一外螺纹在图样上标记为 M24×3-4h，测得其单一中径 $d_{2s} = 21.950$mm，累积螺距偏差 $\Delta P_{\sum n} = 0.04$mm，牙侧角偏差分别为 $\Delta\frac{\alpha_{左}}{2} = -35'$，$\Delta\frac{\alpha_{右}}{2} = +20'$。试计算该螺纹的作用中径 d_{2m}，并判断螺纹中径的合格性。

解：1）确定中径的极限尺寸。

由表 5-2 查得中径的极限尺寸为：

$$d_{2max} = 22.051\text{mm}$$
$$d_{2min} = 21.926\text{mm}$$

2）计算作用中径。

由螺距偏差中径当量计算公式得

$$f_P = 1.732\Delta P_{\sum n} = 1.732 \times 0.04\text{mm} = 0.069\text{mm}$$

由牙侧角中径当量计算公式得

$$f_{\frac{\alpha}{2}} = 0.073P\left(K_1\left|\Delta\frac{\alpha_{左}}{2}\right| + K_2\left|\Delta\frac{\alpha_{右}}{2}\right|\right) = 0.073 \times 3(3 \times |-35'| + 2 \times |+20'|)\mu m = 31.755\mu m \approx 0.032\text{mm}$$

由作用中径计算公式得

$$d_{2m} = d_{2s} + \left(f_P + f_{\frac{\alpha}{2}}\right) = 21.950 + (0.069 + 0.032)\text{mm} = 22.051\text{mm}$$

3）判断中径合格性。

$$d_{2s} = 21.950\text{mm} > d_{2min} = 21.926\text{mm}$$

且 $d_{2m} = 22.051$mm $\leq d_{2max} = 22.051$mm，所以该外螺纹中径合格。

5.3　用三针法测量外螺纹中径

5.3.1　测量目标

掌握用三针法测量螺纹中径的原理和方法。

5.3.2　测量设备及测量内容

1. 测量设备

杠杆千分尺，其主要技术参数：分度值 0.001mm，测量范围 0~25mm，25~50mm。

2. 测量内容

利用杠杆千分尺采用三针法测量螺纹的实际中径。

5.3.3　仪器结构及测量原理

三针法测量螺纹中径采用间接测量法，它是测量螺纹中径比较精密的一种方法。测量时，将 3 根等直径的精密测量针对称地放在被测螺纹的牙槽中，如图 5-11 所示。然后用具有 2 个平行测量面的接触式量具或仪器（如外径千分尺、杠杆千分尺、光学计、测长仪等）测出跨线尺寸 M。

本教材采用杠杆千分尺和悬挂式二针测量螺纹中径的方法，具体如图 5-12 所示。杠杆千分尺与外径千分尺相似，均由螺旋测微部分和杠杆齿轮机构组成。杠杆千分尺的测量范围有 0~25mm，25~50mm，50~75mm，75~100mm，螺旋测微部分的转动刻度筒 4 的分度值为 0.01mm；杠杆齿轮机构部分的分度值为 0.001mm 或 0.002mm，指示表 7 显示测量示值。杠杆千分尺的示值是千分尺固定刻度筒 3、转动刻度筒 4 与指示表 7 三者的示值之和。

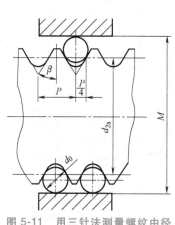

图 5-11　用三针法测量螺纹中径

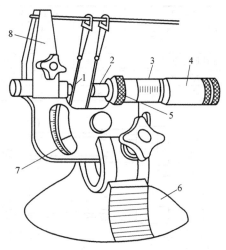

图 5-12　杠杆千分尺和悬挂式二针测量螺纹中径

1—固定测量针　2—测杆　3—固定刻度筒　4—转动刻度筒
5—活动测量针锁紧环　6—尺座　7—指示表　8—三针挂架

螺纹中径 d_2 的计算公式为

$$d_2 = M - d_0 \left[1 + \frac{1}{\sin(\alpha/2)} \right] + \frac{P\cot(\alpha/2)}{2}$$

式中，d_2 为螺纹中径（mm）；M 为测量得到的尺寸值（mm）；d_0 为量针直径（mm）；α 为螺纹牙侧角（°）；P 为螺纹公称螺距（mm）。

不同螺纹类型的三针法测量螺纹中径的计算公式见表 5-5。

表 5-5　三针法测量螺纹中径的计算公式

螺纹类型	d_2 计算公式	三针直径
普通螺纹（$\alpha=60°$）	$d_2 = M - 3d_0 + 0.866P$	$d_0 = 0.57735P$
寸制螺纹（$\alpha=55°$）	$d_2 = M - 3.1657d_0 + 0.9605P$	$d_0 = 0.56369P$
梯形螺纹（$\alpha=30°$）	$d_2 = M - 4.8637d_0 + 1.866P$	$d_0 = 0.51764P$
55°圆柱管螺纹（$\alpha=55°$）	$d_2 = M - 3.1657d_0 + 0.9605P$	$d_0 = 0.56369P$

在测量过程中，当量针与螺纹的接触点正好位于螺纹中径的外圆柱面时，螺纹的牙侧角偏差将不影响测量结果，满足这一要求的量针直径称为最佳直径，量针最佳直径的计算公式为

$$d_0 = \frac{P}{2\cos(\alpha/2)}$$

当 $\alpha=60°$ 时，$d_0 = 0.57735P$。

在实际应用中，量针最佳直径可按表 5-6 查得，若没有与最佳直径相符的量针，则可选用直径略大的量针。

量针的型式有悬挂式和座砧式两种，如图 5-13 所示。通常选用悬挂式量针。

量针有两个精度等级：0 级用于测量中径公差 $4\mu m \leqslant T_{d2} \leqslant 8\mu m$ 的螺纹量规或工件；1 级用于测量中径公差 $T_{d2} > 8\mu m$ 的螺纹量规或工件。

表 5-6　三针法测量米制螺纹的量针最佳直径　　　　　　　（单位：mm）

螺距 P	0.2	0.25	0.3	0.35	0.4	0.45	0.5	0.6
量针最佳直径 d_0	0.118	0.142	0.170	0.201	0.232	0.260	0.291	0.343
螺距 P	0.7	0.75	0.8	1.0	1.25	1.5	1.75	2.0
量针最佳直径 d_0	0.402	0.433	0.461	0.572	0.742	0.860	1.008	1.157
螺距 P	2.5	3.0	3.5	4.0	4.5	5.0	5.5	6.0
量针最佳直径 d_0	1.441	1.732	2.020	2.311	2.595	2.866	3.177	3.468

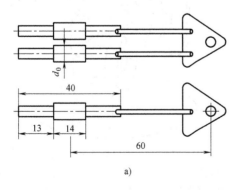

a)

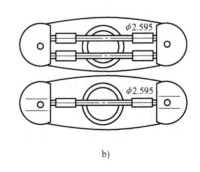

b)

图 5-13　量针

a）悬挂式量针　b）座砧式量针

5.3.4　测量步骤

1）根据被测螺纹工件查出其中径的极限尺寸。

2）根据被测螺纹工件的螺距，选择最佳直径的量针。

3）在尺座上安装杠杆千分尺和三针。

4）擦净仪器和被测螺纹，校正杠杆千分尺的零位。

5）按图 5-11 所示位置将三针放在被测螺纹工件的牙槽中，转动杠杆千分尺的转动刻度套筒 4，使两个测量头与三针接触，读出跨线尺寸 M 值。

6）在螺纹旋合长度内两个互相垂直的截面上测量，每个截面测 3 个 M 值。读数时，要轻轻摆动被测螺纹，找到正确的位置进行读数，并记入测试报告。

7）整理测试报告，按实测的 M 值计算出被测螺纹的实际中径 d_2，并进行适用性判断。

5.3.5　测量数据处理

【例 5.2】　在杠杆千分尺上，用三针法测量 M18×2.5-4h 螺纹的中径。

解：1）查表 5-2 得该螺纹中径的极限尺寸：$d_{2\max} = 16.376\text{mm}$，$d_{2\min} = 16.270\text{mm}$。

2）根据被测螺纹的螺距 2.5mm，查表 5-6 得到量针最佳直径为 1.441mm，选用该尺寸的量针。

3）假设根据以上的步骤，测得 6 个实际尺寸 M 分别为 18.520mm，18.521mm，18.519mm，18.515mm，18.516mm，18.517mm。

4）按公式 $d_2 = M - 3d_0 + 0.866P$ 计算该普通螺纹中径的最大值和最小值，即

$$d_{2\max} = M_{\max} - 3d_0 + 0.866P = (18.521 - 3 \times 1.441 + 0.866 \times 2.5)\text{mm} = 16.363\text{mm}$$

$$d_{2\min} = M_{\min} - 3d_0 + 0.866P = (18.515 - 3 \times 1.441 + 0.866 \times 2.5)\text{mm} = 16.357\text{mm}$$

它们在螺纹中径极限尺寸范围内，该普通螺纹中径合格。

5.4　用螺纹千分尺测量外螺纹中径

5.4.1　测量目标

掌握螺纹千分尺测量外螺纹中径的原理和方法。

5.4.2　测量设备及测量内容

1. 测量设备

螺纹千分尺，其主要技术参数：分度值 0.01mm，测量范围 0~25mm。

2. 测量内容

用螺纹千分尺测量外螺纹中径。

5.4.3　仪器结构及测量原理

用螺纹千分尺测量外螺纹中径。螺纹千分尺备有一套可换的测量头，每对测量头只能用来测量一定螺距范围内的螺纹。它的测量范围有 0~25mm，25~50mm 直至 325~350mm。螺

纹千分尺测量头均由一个凹螺纹形测量头和一个圆锥形测头组成，是根据牙侧角和螺距的标准尺寸制造的，测得的中径不包含螺距偏差和牙侧角偏差的补偿值，故只用于低精度螺纹或工序间的检验。

螺纹千分尺的外形如图 5-14 所示。它的构造与外径千分尺基本相同，只是在测量砧和测量头上装有特殊的测量头 1 和 2，可用它们来直接测量外螺纹的中径。螺纹千分尺的分度值为 0.01mm。测量前，用尺寸样板 3 来调整零位。使用时根据被测螺纹工件的螺距大小，按来选择测量头，测量时可由螺纹千分尺直接读出螺纹中径的实际尺寸。

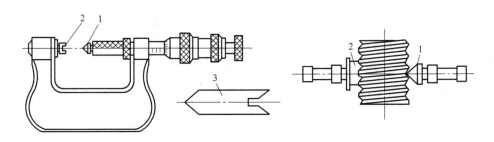

图 5-14　螺纹千分尺的外形图

1、2—测量头　3—尺寸样板

5.4.4　测量步骤

1）根据被测螺纹查出其中径的极限尺寸。

2）根据被测螺纹工件件的螺距，选取一对测量头。

3）装上测量头，擦净仪器和被测螺纹，校准螺纹千分尺的零位。

4）将被测螺纹放入两测量头之间，分别在同一截面互相垂直的两个方向上测量中径，取它们的平均值作为螺纹的实际中径。读数时，要轻轻摆动被测螺纹，找到正确的位置进行读数，并记入测试报告。

5）整理测试报告，并进行适用性判断。

5.5　用万能工具显微镜进行综合测量

5.5.1　测量目标

1）了解万能工具显微镜的测量原理及结构特点。

2）了解通过测量数据的处理来完成间接测量的原理。

3）了解在现有设备基础上进行拓展性试验设计的基本过程。

4）培养进行创新性试验设计的能力。

5）掌握几种典型工件参数的测量方法。

5.5.2　测量设备

万能工具显微镜可以作为二维坐标尺寸测量的光学仪器，可进行长度测量、角度测量、轮廓测量及极坐标测量等。万能工具显微镜是一种在工业生产及科学研究部门中均得到广泛使用的光学测量仪器，其主要测量对象有工具、量具、模具、样板、螺纹和齿轮等。

5.5.3　仪器结构及功能

万能工具显微镜的外形如图 5-15 所示。它可利用影像法、轴切法、接触法及干涉法等多种方法进行测量，也可采用直角坐标或极坐标方式对机械工具、量具、模具、样板、刀具及各种零部件的长度、角度和形状进行测量或检测，同时还可对螺纹的各项参数进行精确测量。

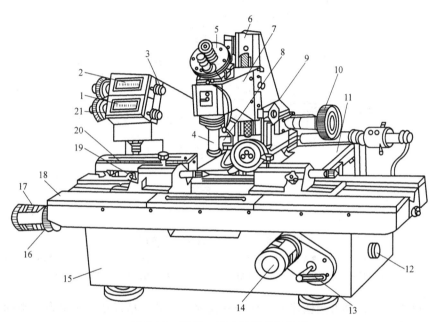

图 5-15　万能工具显微镜的外形图

1—横向投影读数器　2—纵向投影读数器　3—调零手轮　4—物镜　5—测角目镜　6—立柱　7—臂架　8—反射照明器
9、10、16—手轮　11—横向滑台　12—仪器调平螺钉　13—推拉手柄　14—横向微动装置鼓轮
15—底座　17—纵向微动装置鼓轮　18—纵向滑台　19—紧固螺钉　20—玻璃分度尺
21—读数器鼓轮

1. 仪器结构

万能工具显微镜的光学系统包括瞄准和读数两部分，其光路如图 5-16 所示。

（1）瞄准系统　照明灯 1 发出的光通过聚光镜 2、可变光栅 3、滤光片 4、反光镜 5 和聚光镜 6 照射置于玻璃工作台 7 上的被测件，再通过显微镜的物镜 8、转向棱镜 9 将被测件清晰地成像于米字线分划板 10 上。所成的像可由目镜 11 进行观测。

（2）读数系统　x 坐标玻璃毫米分划尺 18 的刻线在照明系统 12~17 的作用下，由投影物镜 19 通过转换图像系统 20、21 成像于投影屏 22 上，所成的像可直接进行观测。y 坐标读数系统 23~31 的光路与 x 坐标读数系统基本相同。

米字线分划板 10 上的分划线用来瞄准置于工作台上的被测件。测量时可移动滑台刻线后对被测位置进行瞄准定位。

仪器的 x、y 坐标滑台上各装有一条精密的玻璃毫米分划尺，读数系统将毫米分划线清

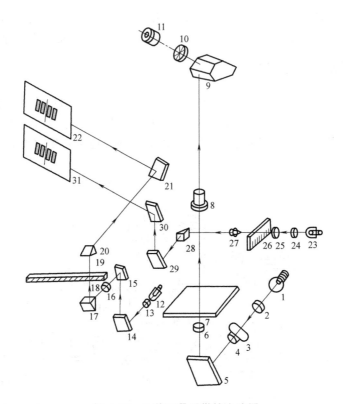

图 5-16　万能工具显微镜光路图

1—照明灯　2、6—聚光镜　3—可变光栅　4—滤光片　5—反光镜　7—玻璃工作台　8、19—物镜　9—转向棱镜
10—分划板　11—目镜　12~17—照明系统　18—分划尺　20、21—转换图像系统　22—投影屏　23~31—读数系统

晰地显示在投影屏上，再由测微器进行细分后读数，因此可精确地确定滑台的坐标值。

2. 影像法的测量原理

利用米字线毫米分划板上的分划线瞄准置于工作台上的被测件的影像边缘，并在投影读数装置上读出数值，然后移动滑板，以同一根分划线瞄准工件影像的另一边，再进行第二次读数。因为毫米分划尺是固定在滑板上并与滑板一起移动的，所以投影读数装置上两次读数的差值，即为滑板的移动量，也就是工件的被测尺寸。

图 5-15 中万能工具显微镜主要由底座、顶尖架、工作台、立柱、主显微镜，还有纵、横向滑台和投影读数器等部件组成。显微镜光路及纵、横向投影系统光路如同 5-16 所示。

纵向滑台 18 用来安装顶尖架、V 形架、分度台、工作台、测量刀及垫板等，它可在底座 15 的导轨上纵向移动。转动手轮 16 可使滑台左右移动，并锁紧在任意位置，转动纵向微动装置鼓轮 17，可使滑台微动到测量位置。滑台侧面装有 200mm 玻璃分度尺 20，通过纵向投影读数器 2 可读得移动量。

横向滑台 11 上装有主显微镜（由物镜 4、测角目镜 5 等组成）以及臂架 7、立柱 6 和主照明装置等。推拉手柄 13 可使横向滑台在底座 15 的导轨上前后移动，并锁紧在任意位置上。转动横向微动装置鼓轮 14，可使滑台微动到所需的测量位置。横向滑台配有 100mm 玻璃刻度尺，滑台移动量可由横向投影读数器 1 读得。

主显微镜装在臂架 7 上，转动手轮 9，可使其沿立柱 6 的垂直导轨进行上、下移动。旋转手轮 10，可使立柱左右倾斜。

3. 读数方法

两个投影物镜成像在横向投影读数器 1 和纵向投影读数器 2 的投影屏上。在投影屏上，分划线显示毫米值，另外，影屏上有 11 个光缝，相邻两光缝的间隔相当于 0.1mm。读数器鼓轮 21 旋转 100 格刻度可带动投影屏移动 1 个光缝，因此鼓轮的每个刻度相当于 0.001mm。

读数时，转动鼓轮使分划线位于光缝的正中位置（如图 5-17 所示），这时，在分划线上读得 53mm，在投影屏的光缝上读得 0.7mm，从读数鼓轮上读得 0.064mm，则读数值为 53.764mm。为了提高读数精确度，在移动光缝对准分划线的过程中最好单向转动读数鼓轮，若光缝移动过量，可以倒回鼓轮，再按原来的转动方向进行对准。

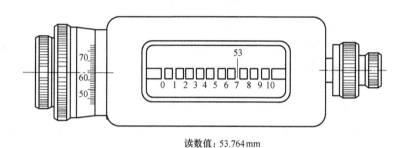

读数值：53.764mm

图 5-17　读数示意图

第**6**章

齿轮测量

齿轮测量分为综合测量和单项测量。在中、小批量生产时，为了进行工艺分析，提高齿轮加工的质量，宜采用单项测量。综合测量能连续地反映齿轮整个啮合长度上的误差，因而能比较全面地评定齿轮的使用质量。近年来，在单面啮合综合检查仪上进行齿轮"整体误差"的测量分析，更提高了齿轮综合测量的优越性。为配合课堂教学，本章要求学生按照提供的齿轮有关参数选定检验项目，并进行测量评定，最后全面地综合评定所测齿轮是否合格。

被测齿轮的零件图及参数如图 6-1 所示，其参数及精度如下。

第一种直齿圆柱齿轮：$m = 5\text{mm}$，$z = 24$，$\alpha = 20°$，齿顶高系数 $h_a^* = 1$，顶隙系数 $c^* = 0.25$。

第二种直齿圆柱齿轮：$m = 4\text{mm}$，$z = 30$，$\alpha = 20°$，齿顶高系数 $h_a^* = 1$，顶隙系数 $c^* = 0.25$。

精度等级为 8-7-7　GB/T 10095.1—2008。

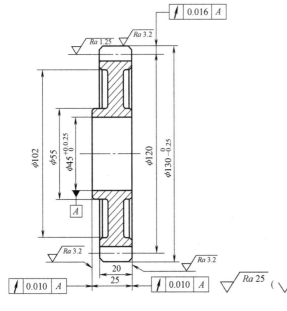

	模数	m	5(4)mm
	齿数	z	24(30)
	压力角	α	20°
	变位系数	x	0
	精度等级		8-7-7 GB/T 10095.1—2008
	齿距累积总偏差	F_p	0.055
	单个齿距偏差	f_{pt}	±0.013
	齿廓总偏差	F_α	0.019
	螺旋线总偏差	F_β	0.015
公法线长度	跨齿数	k	3(4)
	公法线长度及极限偏差	$W{+E_{ws} \atop +E_{wi}}$	$38.583_{-0.192}^{-0.091}$ $(43.011)_{-0.192}^{-0.091}$
	齿轮径向跳动	F_r	0.044

图 6-1　被测齿轮的零件图及参数

齿距累积总偏差 F_p 是评定齿轮传动准确性的强制性检测精度指标，单个齿距偏差 f_{pt} 是评定齿轮传动平稳性时的强制性检测精度指标。

（1）单个齿距偏差 f_{pt}　单个齿距偏差 f_{pt} 是指在齿轮端平面上，在分度圆，实际齿距与理论齿距的代数差，如图 6-2 所示。取其中绝对值最大的数值 f_{ptmax} 为评定值。齿距偏差可以用图 6-2 中实际齿距与理论齿距的代数差来测量。

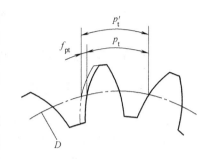

图 6-2　实际齿距与理论齿距的代数差

p_t—单个理论齿距　p_t'—单个
实际齿距　D—分度圆

（2）齿距累积总偏差 F_p　齿距累积总偏差 F_p 是指在齿轮端平面上，在接近齿高中部的一个与齿轮基准轴线同心的圆上，任意两个同侧齿面间的实际弧长与理论弧长的代数差中的最大绝对值，如图 6-3a 所示。图中虚线为轮齿理论位置，粗实线为轮齿实际位置，轮齿 3 与轮齿 7 之间的实际弧长与公称弧长的差值的绝对值最大，该值即为 F_p。图 6-3b 所示为齿距偏差曲线，F_p 实质上反映了同一圆周上齿距偏差的最大累积值。

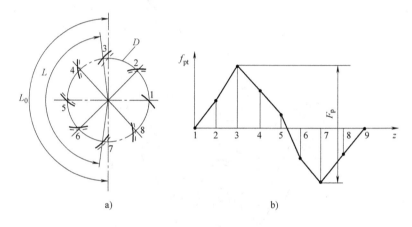

a)　　　　　　　　　　　　　b)

图 6-3　齿轮齿距累积总偏差

a）齿距在分度圆上的分布　b）单个齿距偏差曲线

L—实际弧长；L_0—理论弧长；D—分度圆；z—齿序

6.1　齿轮齿距偏差的测量

6.1.1　测量目标

1）进一步理解齿距累积总偏差 F_p 的意义及其对齿轮传动准确性的影响，单个齿距偏差 f_{pt} 的意义及其对齿轮传动平稳性的影响。

2）掌握用相对法测量单个齿距偏差 f_{pt}、齿距累积总偏差 F_p 的原理和方法，以及其测量结果的处理方法。

6.1.2　测量设备及测量内容

1. 测量设备

齿轮齿距检查仪，主要技术参数：指示表的分度值有 0.005mm、0.001mm，测量被测齿

轮模数 m 的范围为 $3\sim15\text{mm}$、$2\sim16\text{mm}$。

    2. 测量内容

利用齿轮齿距检查仪以相对法测量齿轮的单个齿距偏差 f_{pt}、齿距累积总偏差 F_p。

6.1.3　仪器及测量原理

利用齿轮齿距检查仪以相对测量法测量齿距偏差的原理和方法示意图，如图 6-4 所示，可调式固定量爪 4 按模数确定，活动量爪 3 通过杠杆系统在指示表上反映数值变化；为了保证在同一个圆周上进行测量，需用一对定位量爪 2 在齿顶圆上定位。

测量时以被测齿轮上的任一实际齿距为基准，调整定位量爪，使固定量爪与活动量爪大约在分度圆上两相邻齿廓处相接触，并将指示表对准零位，随后逐齿测量，对测量结果进行数据处理，即可得到单个齿距偏差 f_{pt} 和齿距累积总偏差 F_p。

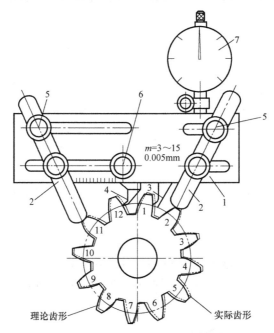

图 6-4　齿轮齿距检查仪测量齿距偏差的原理和方法示意图

1—仪器本体　2—定位量爪　3—活动量爪　4—固定量爪

5、6—紧固螺钉　7—指示表

6.1.4　测量步骤

1）根据被测齿轮的参数、精度要求，查表 6-1 得齿轮齿距累积总偏差 F_p，查表 6-2 得齿轮单个齿距偏差 f_{pt}。

2）将仪器安装在检验平板上（已装好）。

3）根据被测齿轮模数 m 调整固定量爪 4 的位置，即松开固定量爪的紧固螺钉 6，使固定量爪上的刻线对准仪器本体上的刻度（即模数）。例如，被测齿轮模数 $m=5\text{mm}$，则将固定量爪的刻线对准仪器本体上的刻线，对好后，拧紧紧固螺钉 6。

表 6-1 齿轮齿距累积总偏差 F_p（摘自 GB/T 10095.1—2008）

分度圆直径 d/mm	模数 m /mm	精度等级										
		2	3	4	5	6	7	8	9	10	11	12
		F_p/μm										
50<d≤125	0.5≤m≤2	6.5	9.0	13.0	18.0	26.0	37.0	52.0	74.0	104.0	147.0	208.0
	2<m≤3.5	6.5	9.5	13.0	19.0	27.0	38.0	53.0	76.0	107.0	151.0	214.0
	3.5<m≤6	7.0	9.5	14.0	19.0	28.0	39.0	55.0	78.0	110.0	156.0	220.0

表 6-2 齿轮单个齿距偏差 f_{pt}（摘自 GB/T 10095.1—2008）

分度圆直径 d/mm	模数 m /mm	精度等级										
		2	3	4	5	6	7	8	9	10	11	12
		f_{pt}/μm										
50<d≤125	0.5≤m≤2	1.9	2.7	3.8	5.5	7.5	11.0	15.0	21.0	30.0	43.0	61.0
	2<m≤3.5	2.1	2.9	4.1	6.0	8.5	12.0	17.0	23.0	33.0	47.0	66.0
	3.5<m≤6	2.3	3.2	4.6	6.5	9.0	13.0	18.0	26.0	36.0	52.0	73.0

4）使固定量爪 4 和活动量爪 3 大致在被测齿轮的分度圆上与两相邻轮齿的相对表面接触，同时使两定位量爪 2 都与齿顶圆接触（如图 6-4 所示），且使指示表指针有一定的压缩量（压缩一圈左右），对好后用 4 个螺钉紧固。

5）手扶齿轮，使定位量爪 2 与齿顶圆紧密接触，并使固定量爪 4 和活动量爪 3 与被测齿面接触（用力均匀，力的方向一致），使指示表的指针对准零位（旋转表壳，使指示表指针与刻度盘的零位重合），可多次调整，直至示值稳定为止，以此实际齿距作为测量基准。

6）对齿轮逐齿进行测量，量出各实际齿距对测量基准的偏差（方法与步骤 5 相同，但不可转动表壳，应直接读出指示表示值），将所测得的数据逐一记入报告的表格内。

注意齿轮测量一周后，测量量爪回到作为测量基准的齿距位置时，指示表示值应为 0，如差别过大，必须进行分析找出原因。

7）按要求整理测量数据，完成测试报告，并进行适用性评价。

合格条件：若 $f'_{pt} ≤ f_{pt}$，则合格；若 $F'_p ≤ F_p$，则合格。（f'_{pt} 和 F'_p 均为测量值）

6.1.5 数据处理

测量数据的处理可采用计算法和作图法。现以 $m = 4$mm，$z = 12$ 的齿轮为例，计算单个齿距偏差 f_{pt} 和齿距累积总偏差 F_p。

1. 计算法

测得的示值 ΔP_i，即各齿齿距相对于测量基准的偏差值，见表 6-3。

计算法处理测量数据的步骤如下。

1）对示值进行累加（$\sum_{i=1}^{j} \Delta P_i$，$j = 1$，2，…，12），求出平均齿距偏差即修正值 K，并记录于表 6-3 中。

2）用相对法测量时，公称齿距是指所有实际齿距的平均值。表 6-3 中单个齿距偏差的最大值和最小值分别出现在第 6 齿和第 12 齿上，值分别为 +3.5μm 和 −3.5μm。

表 6-3　测得的各齿齿距相对于测量基准的偏差值　　　　（单位：μm）

齿序	示值 ΔP_i	示值累加 $\sum\limits_{i=1}^{j}\Delta P_i$	修正值 K	$f_{pti}=\Delta P_i-K$	$\sum\limits_{i=1}^{j}f_{pti}$ $(j=1,2,\cdots,12)$
1	0	0		$0-(+1.5)=-1.5$	-1.5
2	+1	+1		$1-(+1.5)=-0.5$	-2
3	0	+1		$0-(+1.5)=-1.5$	-3.5
4	+1	+2		$+1-(+1.5)=-0.5$	-4
5	−1	+1		$-1-(+1.5)=-2.5$	-6.5
6	+5	+6	$K=\dfrac{\sum\limits_{i=1}^{12}\Delta P_i}{12}=+1.5$	$+5-(+1.5)=+3.5$	-3
7	+3	+9		$+3-(+1.5)=+1.5$	-1.5
8	+4	+13		$+4-(+1.5)=+2.5$	$+1$
9	+2	+15		$+2-(+1.5)=+0.5$	$+1.5$
10	+3	+18		$+3-(+1.5)=+1.5$	$+3$
11	+2	+20		$+2-(+1.5)=+0.5$	$+3.5$
12	−2	+18		$-2-(+1.5)=-3.5$	0
修正值 $=\dfrac{+18}{12}=+1.5$				$f_{pt}=\pm3.5$ $F_p=+3.5-(-6.5)=10$	

3）齿距累积总偏差 F_p 应为在分度圆上任意两同侧齿面间的实际弧长与公称弧长之差的最大绝对值。此表 6-3 中差的最大绝对值在第 5 齿和第 11 齿上出现，则

$$F_p=[+3.5-(-6.5)]\mu m=10\mu m$$

2. 作图法

作图法处理测量数据的步骤如下。

1）以横坐标代表齿序，纵坐标为齿距累积总偏差 F_p 值；将读数值直接绘制在坐标图中，如图 6-5 所示。

2）绘出如图 6-5 所示的折线，最后连接首、尾两点，该线便是该齿轮齿距累积总偏差的相对坐标轴线，然后从折线的最高点 A 和最低点 B 分

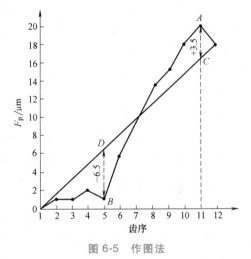

图 6-5　作图法

别向此斜线作平行于纵坐标轴的直线，与斜线相交于点 C 和点 D，AC 和 BD 两线段之和则为齿距累积总偏差 F_p，即

$$F_p=[+3.5-(-6.5)]\mu m=10\mu m$$

6.2　齿廓总偏差 F_α 的测量

齿廓偏差是指实际齿廓对理论齿廓的偏离量，在齿轮端平面内且在垂直于渐开线齿廓的

方向上计值，包容实际齿廓工作部分且距离最小的两条设计齿廓之间的法向距离为齿廓总偏差 F_α，如图 6-6 所示。

齿廓总偏差 F_α 是评定齿轮传动平稳性时的强制性检测精度指标。

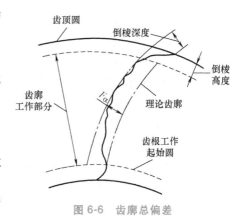

图 6-6 齿廓总偏差

6.2.1 测量目标

1）从齿轮渐开线齿廓的形成原理，了解单盘式渐开线检查仪的结构原理和使用方法。

2）了解齿廓总偏差 F_α 对齿轮传动平稳性精度的影响。

6.2.2 测量设备及测量内容

1. 测量设备

单盘式渐开线检查仪，其主要技术参数：可测齿轮公称直径为 $60 \sim 240\text{mm}$，可测齿轮模数为 $1 \sim 10\text{mm}$，可测齿轮精度为 6 级以下，最大展开角为 $\pm 60°$，指示表分度值为 0.01mm。

2. 测量内容

应用单盘式渐开线检查仪和被测齿轮的基圆盘，检查被测齿轮在工作齿面内的齿廓偏差。

6.2.3 仪器及测量原理

齿轮齿廓偏差的测量，需在单盘式渐开线检查仪上对被测齿廓与理想齿廓进行比较，指示表上显示误差数值。理想渐开线的形成原理如图 6-7 所示，当直尺 1 与基圆盘 2 相切，基圆盘滚动而直尺沿尺身方向无滑动地移动时，直尺与基圆上原切点的相对运动轨迹便形成理想的渐开线。按此原理组成的单盘式渐开线检查仪如图 6-8 所示，图中直尺 9 与被测齿轮的基圆盘 3 作纯滚动，便形成理论渐开线，杠杆 1 的一端为与被测齿轮齿面接触的指示表 8，将指示表调整为 "0"，由于被测齿轮 14 与基圆盘 3 同步转动，故只要在将仪器调整好后装上被测齿轮，并预先调整好某一待测齿廓的起始展开角，通过上述原切点，则在直尺、基圆盘滚动时，指示表上示值之差即为该齿面的齿廓偏差值。

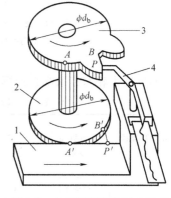

图 6-7 理想渐开线的形成原理

1—直尺 2—基圆盘 3—被测齿轮 4—测头

6.2.4 测量步骤

1）根据被测齿轮的参数、精度要求，查表 6-4 得齿轮齿廓总偏差 F_α。

2）熟悉仪器和操作程序。

3）按被测齿轮参数和精度，选用基圆盘。

4）确定齿廓的被测部位。测量齿廓总偏差时，只需测量齿面的工作部分。对于不同压力角 α 和变位系数 x 的齿轮，单盘式检查仪以展开角来确定齿廓的测量范围。现将压力角为

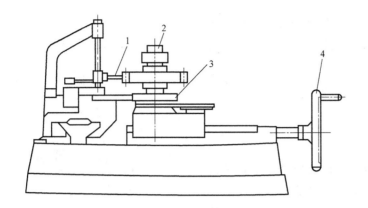

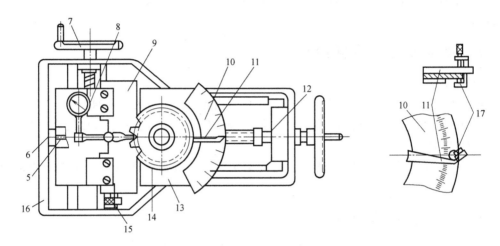

图 6-8 单盘式渐开线检查仪

1—杠杆 2—心轴 3—基圆盘 4、7—手轮 5—纵向滑板中心指示线 6—底座中心指示线

8—指示表 9—直尺 10—展开角指示盘 11—展开角指针 12—弹簧

13—横向拖板 14—被测齿轮 15—螺钉 16—底座 17—指针夹

20°的标准齿轮与齿条啮合计算得到的齿廓展开角列于表 6-5。

表 6-4 齿轮齿廓总偏差 F_α（摘自 GB/T 10095.1—2008）

分度圆直径 d/mm	模数 m /mm	精度等级										
		2	3	4	5	6	7	8	9	10	11	12
		$F_\alpha/\mu\text{m}$										
$50<d\leqslant125$	$0.5\leqslant m\leqslant2$	2.1	2.9	4.1	6.0	8.5	12.0	17.0	23.0	33.0	47.0	66.0
	$2<m\leqslant3.5$	2.8	3.9	5.5	8.0	11.0	16.0	22.0	31.0	44.0	63.0	89.0
	$3.5<m\leqslant6$	3.4	4.8	6.5	9.5	13.0	19.0	27.0	38.0	54.0	76.0	108.0

表 6-5 直齿圆柱齿轮的 φ_a、φ_c 值（$m=1\text{mm}$，$\alpha=20°$）

齿数 z	起点展开角 φ_a	终点展开角 φ_c	测量点数 n	每一测点转角
21	3°52′21″	34°18′48″	10	3°
22	4°38′36″	33°47′41″	14	2°

（续）

齿数 z	起点展开角 φ_a	终点展开角 φ_e	测量点数 n	每一测点转角
23	5°20′55″	33°18′7″	14	2°
24	6°0′19″	32°51′29″	13	2°
25	6°35′45″	32°27′37″	13	2°
26	7°8′12″	32°5′15″	12	2°
27	7°38′42″	31°42′58″	12	2°
28	8°7′14″	31°23′24″	11	2°
29	8°33′47″	31°3′56″	11	2°
30	8°58′21″	30°47′10″	11	2°

5）调整仪器的零位：要求仪器的测量头与被测齿面接触点应落在直尺 9 与基圆盘 3 的切点上，此时将指示表 8 调整到零位。

注意操作仪器时，应先观察仪器上的数字，如果指示表在自由状态下的示值不为零，应转动表盘使其符合要求，且应注意在以后的操作过程中切勿再转动表盘。

6）用手轮 7 将纵向滑板中心指示线 5 与底座中心指示线 6 对准，展开角指针 11 固定在 φ_0 处，φ_0 应在展开角指示盘 5°位置左右。

7）用手轮 4 移出拖板后，将被测齿轮装上，旋上压紧螺母（暂不压紧）。

8）转动手轮 4 移动拖板，使直尺 9 与基圆盘 3 压紧，转动手轮 7，使展开角指针 11 沿顺时针方向转动 φ_a 的角度，即展开角为 $\varphi_0 + \varphi_a$。

9）转动齿轮，使被测齿廓与测量头接触，并使指示表的指针位置与仪器调整时测量头的标准位置一致（即记录工作状态位置），压紧螺母，当压紧后指针略偏离零位时，可松开一对螺钉 15 进行微调。

10）转动手轮 7，每次转 2°记录示值，一直测到测点展开角为止。整个展开角范围内，最大与最小示值之差即为齿廓总偏差 F_α 的数值。

在被测齿轮圆周上测量 3 个轮齿左、右齿面的齿廓总偏差，取其中的最大值作为评定值。

11）结果记入测试报告，进行数据处理，同时进行适用性评价（若 $F'_{\alpha\max} \leqslant F_\alpha$，则合格，$F'_{\alpha\max}$ 为测量值的最大值）。

6.3　齿轮分度圆齿厚偏差 f_{sn} 的测量

6.3.1　测量目标

1）熟悉齿轮分度圆齿厚的测量原理和方法。

2）了解分度圆齿厚对齿轮副侧隙的影响。

6.3.2　测量设备及测量内容

1. 测量设备

游标齿厚卡尺，主要技术参数：分度值 0.02mm，测量齿轮模数范围 1～16mm。

2. 测量内容

应用游标齿厚卡尺测量分度圆弦齿厚；用游标卡尺（或外径千分尺）测量齿顶圆直径，用以修正分度圆弦齿高。

6.3.3 仪器及测量原理

齿轮副侧隙的大小与齿轮齿厚减薄量有着密切的关系。齿轮齿厚减薄量可以用齿厚偏差或公法线长度偏差来评定。

为保证齿轮形成有侧隙的传动，在加工齿轮时，一般将齿条刀具由公称位置向齿轮中心做一定位移，使加工出来的轮齿齿厚随之减薄，因而可测量齿厚来获得齿轮传动时齿侧间隙大小，通常是测量分度圆上的弦齿厚。分度圆弦齿厚可用齿厚游标卡尺，以齿顶圆作为测量基准来测量（如图 6-9 所示）。测量时，所需数据可用下列公式计算。

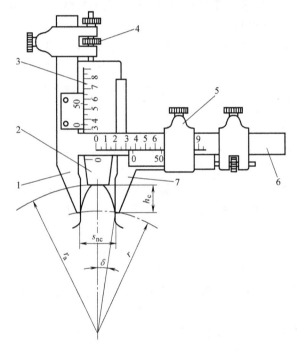

图 6-9　游标齿厚卡尺测量分度圆弦齿厚

r—分度圆半径　r_a—齿顶圆半径　δ—半个齿厚所对中心角　s_{nc}—分度圆弦齿厚　h_c—分度圆弦齿高

1—固定量爪　2—高度定位尺　3—垂直游标尺　4—调整螺母　5—游标框架　6—水平游标尺　7—活动量爪

直齿轮分度圆上的分度圆弦齿厚 s_{nc} 与分度圆弦齿高 h_c 分别为

$$s_{nc} = mz\sin\delta$$

$$h_c = r_a - \frac{mz}{2}\cos\delta$$

式中，δ 为半个分度圆弦齿厚所对中心角，$\delta = \dfrac{\pi}{2z} + \dfrac{2x}{z}\tan\alpha$；$r_a$ 为齿轮齿顶圆半径；m、z、α、x 分别为齿轮的模数、齿数、标准压力角、变位系数。

为了使用方便，按上式计算出模数为 1mm 各种不同齿数齿轮的 h_c 和 s_{nc}，并列于

表 6-6 中。

表 6-6　$m=1\text{mm}$ 时标准直齿圆柱齿轮分度圆弦齿高 h_c 和分度圆弦齿厚 s_{nc} 的数值

齿数 z	h_c/mm	s_{nc}/mm	齿数 z	h_c/mm	s_{nc}/mm	齿数 z	h_c/mm	s_{nc}/mm
17	1.0363	1.5686	28	1.0220	1.5700	39	1.0158	1.5704
18	1.0342	1.5688	29	1.0212	1.5700	40	1.0154	1.5704
19	1.0324	1.5690	30	1.0205	1.5701	41	1.0150	1.5704
20	1.0308	1.5692	31	1.0199	1.5701	42	1.0146	1.5704
21	1.0294	1.5693	32	1.0193	1.5702	43	1.0143	1.5704
22	1.0280	1.5694	33	1.0187	1.5702	44	1.0140	1.5705
23	1.0268	1.5695	34	1.0181	1.5702	45	1.0137	1.5705
24	1.0257	1.5696	35	1.0176	1.5703	46	1.0134	1.5705
25	1.0247	1.5697	36	1.0171	1.5703	47	1.0131	1.5705
26	1.0237	1.5698	37	1.0167	1.5703	48	1.0128	1.5705
27	1.0228	1.5698	38	1.0162	1.5703	49	1.0126	1.5705

注：对其他模数的齿轮，可将表中数值乘以模数得到对应的数值。

6.3.4　测量步骤

1）根据被测齿轮的参数，利用公式计算 h_c、s_{nc}（或从表 6-6 中查取）。

2）用外径千分尺测量齿轮齿顶圆实际半径 $r_{a实际}$，按 $h_{c修正}=\left[h_c+(r_{a实际}-r_a)\right]$ 修正 h_c 值，得 $h_{c修正}$。

3）按 $h_{c修正}$ 值调整游标齿厚卡尺的垂直游标尺 3 高度板的位置，然后将游标卡尺加以固定。

4）将游标齿厚卡尺置于被测轮齿上，使垂直游标尺 3 的高度板与齿轮齿顶可靠地接触。然后移动水平游标尺 6 的量爪，使它和另一量爪分别与轮齿的左、右齿面接触（轮齿齿顶与垂直游标尺 3 的高度板之间不得出现空隙），从水平游标尺 6 上读出弦齿厚实际值 $s_{nc实际}$。

5）对齿轮圆周上均匀分布的几个轮齿进行测量。测得的弦齿厚实际值 $s_{nc实际}$ 与弦齿厚公称值 s_{nc} 之差即为齿厚偏差 f_{sn}。按齿轮要求的齿厚允许的上极限偏差 E_{sns} 和下偏差 E_{sni}，判断被测齿轮的合格性。

合格条件：若 $E_{sni}\leqslant f_{sn}\leqslant E_{sns}$，则合格。

6）写出测试报告，进行适用性评价。

若齿轮齿厚的实际尺寸减小或增大，则实际公法线的长度会相应地减小或增大，因此可以测量公法线长度以代替测量齿厚，从而评定齿厚减薄量。

6.4　公法线长度偏差 E_w 的测量

6.4.1　测量目标

1）掌握齿轮公法线长度的测量方法。

2）了解公法线长度偏差 E_w 的意义和评定方法。

6.4.2 测量设备及测量内容

1. 测量设备

公法线千分尺，主要技术参数：分度值 0.01mm，测量范围 25～50mm。

2. 测量内容

用公法线千分尺测量所给齿轮的公法线长度。

6.4.3 仪器及测量原理

公法线长度是指齿轮上几个轮齿的两端异向齿廓间所包含的一段基圆圆弧，近似为两端异向齿廓间基圆切线线段的长度（如图 6-10 所示）。两端点的连线切于基圆，因而选择适当的跨齿数，则可使公法线长度在齿高中部量得。与测量齿厚相比较，测量公法线长度时测量精度不受齿顶圆直径偏差，以及齿顶圆柱面对齿轮基准轴线的径向圆跳动的影响。

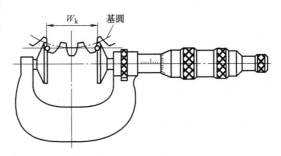

图 6-10 用公法线千分尺测量公法线长度

齿轮公法线长度根据齿轮精度的不同，可用游标卡尺、公法线千分尺、公法线指示卡规和专用公法线卡规等任何具有两平行平面量脚的量具或仪器进行测量，但必须使量脚能插进被测齿轮的齿槽内，并与齿侧渐开线面相切。

公法线指示卡规的结构如图 6-11 所示。量仪的弹性开口圆套 2 的孔比圆柱 1 稍大，将专用扳手 7 取下插入开口圆套 2 的开口槽中，使开口圆套 2 沿圆柱 1 移动。用组成公法线长度公称值的量块组调整活动量爪 3 与固定量爪 4 之间的距离，同时转动指示表 5 的表盘，使它的指针对准零刻度，然后，用相对测量法测量齿轮各条公法线的长度。测量时应轻轻摆动量仪，按指针转动的转折点（最小示值）进行读数。

公法线长度偏差 E_w 是指实际公法线长度 W_k 与公称公法线长度 W 之差，直齿轮的公称公法线长度计算式为

$$W = m\cos\alpha\left[\pi(k-0.5) + z\mathrm{inv}\alpha\right] + 2xm\sin\alpha$$

式中，m、z、α、x 分别为齿轮的模数、齿数、压力角、变位系数；$\mathrm{inv}\alpha$ 为渐开线函数，$\mathrm{inv}20° = 0.014904$；$k$ 为测量时的跨齿数（整数）。一般将量具、量仪的测量面与被测齿面在齿高中部接触时的 k 值作为参考值。

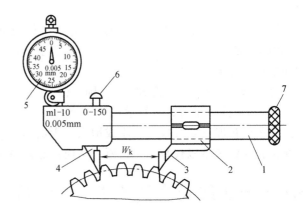

图 6-11 公法线指示卡规的结构
1—圆柱 2—开口圆套 3—活动量爪 4—固定量爪
5—指示表 6—按钮 7—专用扳手

当 $\alpha = 20°$，$x = 0$ 时，$W_k = m[1.4761(2k-1)+0.015z]$

对于标准直齿圆柱齿轮

$$k = \frac{z\alpha}{180°}+0.5$$

为了使用方便，对于 $\alpha = 20°$，$m = 1\text{mm}$ 的标准直齿圆柱齿轮，按上述公式计算出不同齿数下的 k 和 W，并列于表 6-7。

表 6-7　标准直齿圆柱齿轮的跨齿数 k 和公法线长度的公称值 W（$\alpha = 20°$，$m = 1\text{mm}$）

齿数 z	跨齿数 k	公法线长度 W/mm	齿数 z	跨齿数 k	公法线长度 W/mm
17	2	4.666	34	4	10.809
18	3	7.632	35	4	10.823
19	3	7.646	36	5	13.789
20	3	7.660	37	5	13.803
21	3	7.674	38	5	13.817
22	3	7.688	39	5	13.831
23	3	7.702	40	5	13.845
24	3	7.716	41	5	13.859
25	3	7.730	42	5	13.873
26	3	7.744	43	5	13.887
27	4	10.711	44	5	13.901
28	4	10.725	45	5	16.867
29	4	10.739	46	6	16.881
30	4	10.752	47	6	16.895
31	4	10.767	48	6	16.909
32	4	10.781	49	6	16.923
33	4	10.795			

注：对于其他模数的齿轮，可将表中数值乘以模数得到对应的数值。

公法线长度的上、下极限偏差（E_{ws}、E_{wi}）分别由齿厚的上、下极限偏差（E_{sns}、E_{sni}）换算得到。外齿轮的换算公式为

$$E_{ws} = E_{sns}\cos\alpha - 0.72F_r\sin\alpha$$

$$E_{wi} = E_{sni}\cos\alpha + 0.72F_r\sin\alpha$$

式中，E_{sns} 为齿厚的上极限偏差；E_{sni} 为齿厚的下极限偏差；F_r 为齿轮径向圆跳动；α 为压力角。

6.4.4　测量步骤

1）根据被测齿轮参数、精度及齿厚要求，计算 W、k、E_{ws}、E_{wi} 的值。

2）熟悉量具，并调试（或校对）零位：用标准校对棒放入公法线千分尺的两测量面之间校对零位，记下校对格数。

3）跨相应的齿数，沿着轮齿三等分的位置测量公法线长度 W_k，记入测试报告。

合格条件：若 $E_{wi} \leqslant E_w \leqslant E_{ws}$，则合格。

6.5 齿轮径向圆跳动 F_r 的测量

齿轮径向圆跳动 F_r 是指在齿轮旋转时，将一个适当的测量头（球、砧、圆柱或棱柱体）逐齿地放置于每个齿槽中，相对于齿轮基准轴线的最大和最小径向位置之差即为齿轮径向跳动 F_r（如图 6-12 所示）。齿轮径向跳动 F_r 是用来评定齿轮传动准确性精度时的非强制性检测指标。

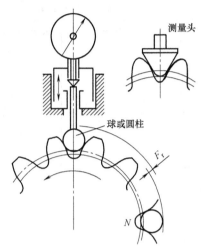

图 6-12　测量齿轮径向圆跳动的原理

6.5.1　测量目标

1）掌握齿轮径向圆跳动的测量原理和测量方法。

2）熟悉用齿轮径向圆跳动 F_r 评定齿轮精度的方法。

6.5.2　测量设备及测量内容

1. 测量设备

1）偏摆检查仪，其主要技术参数：可测齿轮最大直径 260mm，指示表示值范围 0~5mm，指示表分度值 0.01mm。

2）齿轮径向圆跳动测量仪，主要技术参数：被测齿轮模数范围 1~6mm，被测工件的最大直径 300mm，两顶尖间最大距离 418mm。

2. 测量内容

1）应用普通偏摆检查仪及标准圆柱测量齿轮径向圆跳动。

2）应用齿轮径向圆跳动测量仪测量齿轮径向圆跳动。

6.5.3　仪器及测量原理

齿轮径向圆跳动的测量可在专用量仪上用锥形或 V 形测量头与齿轮的齿面在分度圆处相接触（如图 6-13a、b 所示）；亦可在普通偏摆仪上用一适当直径的标准圆柱放在齿槽中测量（如图 6-13c 所示），标准圆柱的直径可从表 6-8 中查得，也可按下式计算

$$d = 1.68 m_n$$

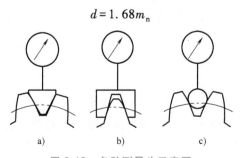

a)　　　　　　b)　　　　　　c)

图 6-13　各种测量头示意图

表 6-8　标准圆柱的直径选择　　　　　　　　　　　　　　　（单位：mm）

齿轮法向模数 m_n	1	1.25	1.5	1.75	2	3	4	5
标准圆柱直径 d	1.7	2.1	2.5	2.7	3.3	5	6.7	8.3

用偏摆仪测量齿轮径向圆跳动如图 6-14 所示。测量时，将标准圆柱 6 放在齿轮 7 齿槽内，齿轮 7 绕其基准轴线旋转一周时，最大与最小示值之差即为齿轮的径向圆跳动，即

$$F_r = \Delta_{max} - \Delta_{min}$$

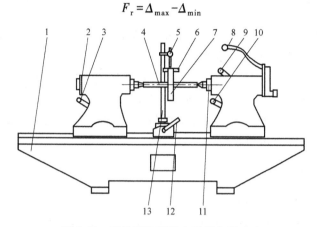

图 6-14　用偏摆仪测量齿轮径向圆跳动

1—底座　2—固定顶尖座　3、9、10、12—紧定手把　4—心轴　5—百分表　6—标准圆柱
7—齿轮　8—球头手柄　11—活动顶尖座　13—指示表架

齿轮径向圆跳动测量仪的外形如图 6-15 所示。测量时，将齿轮用心轴 4 安装在两个顶尖 5 之间，或把齿轮轴直接安装在两个顶尖 5 之间。指示表的位置固定后，使安装在指示表测杆上的球形测量头或锥形测量头在齿槽内与分度圆双面接触。测量头的尺寸大小应与被测

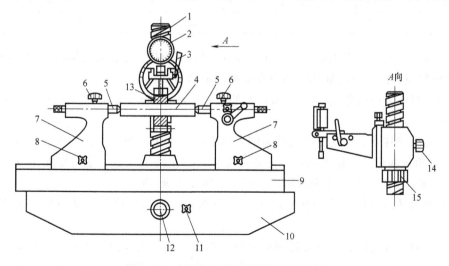

图 6-15　齿轮径向圆跳动测量仪的外形

1—立柱　2—指示表　3—指示表测量扳手　4—心轴　5—顶尖　6—顶尖锁紧螺钉
7—顶尖座　8—顶尖座锁紧螺钉　9—滑台　10—底座　11—滑台锁紧螺钉
12—滑台移动手轮　13—被测齿轮　14—指示表架锁紧螺钉　15—升降螺母

齿轮的模数协调，以保证测量头在接近分度圆的位置与齿槽双面接触。用测量头逐个放入齿槽来测量相对于齿轮基准轴线的径向位移，该径向位移由指示表的示值反映出来。指示表的最大示值与最小示值之差即为齿轮径向圆跳动 F_r 的值。

1）在测量仪上调整指示表测量头与被测齿轮的位置。根据被测齿轮的模数选择尺寸合适的测量头，把它安装在指示表 2 的测杆上。将被测齿轮 13 安装在心轴 4 上，然后把该心轴安装在两个顶尖 5 之间。注意调整这两个顶尖之间的距离，使心轴无轴向窜动，且转动自如。

松开滑台锁紧螺钉 11，转动滑台移动手轮 12 使滑台 9 移动，从而使测量头大约位于齿宽中间，然后再将滑台锁紧螺钉 11 锁紧。

2）调整测量仪指示表示值零位。放下指示表测量扳手 3，松开指示表架锁紧螺钉 14，转动升降螺母 15，使测量头随表架下降到与某个齿槽双面接触的位置，使指示表 2 的指针压缩（正转）1~2 转，然后将指示表架锁紧螺钉 14 紧固。转动指示表 2 的表盘把其零刻线对准指针，确定指示表 2 的示值零位。

6.5.4 测量步骤

1）熟悉齿轮径向跳动测量仪操作顺序。

2）根据被测齿轮的参数、精度要求，查表 6-9 得齿轮径向圆跳动 F_r。

表 6-9　齿轮径向圆跳动 F_r（摘自 GB/T 10095.2—2008）

分度圆直径 d/mm	法向模数 m_n/mm	精度等级										
		2	3	4	5	6	7	8	9	10	11	12
		F_r/μm										
50<d≤125	0.5≤m_n≤2	5.0	7.5	10	15	21	29	42	59	83	118	167
	2<m_n≤3.5	5.5	7.5	11	15	21	30	43	61	86	121	171
	3.5<m_n≤6	5.5	8.0	11	16	22	31	44	62	88	125	176

3）将被测齿轮套在专用的心轴 4 上（图 6-14），安装在偏摆仪的顶尖间，心轴 4 与仪器顶尖间松紧应恰当，以心轴能转动而没有轴向窜动为宜。

4）根据被测齿轮模数选择标准圆柱 6 的直径：$m=5$mm，取 $d=8.3$mm；$m=4$mm，取 $d=6.7$mm。

5）将标准圆柱 6 放入被测齿轮的齿间，标准圆柱 6 位于两顶尖的连线上，移动指示表架 13，使指示表测量头与标准圆柱的最高点接触，且使指示表有一定的压缩量（约一圈），转动指示表表盘，使指针在零刻线附近，固定好指示表架 13。

6）来回微转齿轮使标准圆柱 6 的最高点与指示表测量头接触，读出指示表上的最大示值。

7）沿顺时针或逆时针方向旋转被测齿轮，逐齿测量，在被测齿轮回转一圈后，指示表示值的"原点"应不变（如有较大变化需检查原因），在一圈中各齿在指示表上的最大示值与最小示值之差即是被测齿轮的径向圆跳动 F_r。

8）用齿轮径向圆跳动测量仪测量时（如图 6-15 所示），抬起指示表测量扳手 3，将被测齿轮 13 转过一个齿槽，然后放下指示表测量扳手 3，使测量头进入齿槽内与该齿槽双面接触，并记下指示表 2 的示值。这样依次测量其余的齿槽，从读出的示值中找出最大示值和最小示值，它们的差值即为齿圈径向圆跳动 F_r 的数值。在回转一圈后，指示表示值的"原点"应不变（如有较大的变化需检查原因）。

9）根据齿轮径向圆跳动 F_r，可判断被测齿轮的合格性。

合格条件：$F_r' \leq F_r$。（F_r' 为测量值）

6.6　齿轮综合偏差的测量

6.6.1　测量目标

1）了解齿轮整体误差测量原理和测量方法，学会分析整体误差曲线。

2）加深理解齿轮径向综合总偏差与切向总综合偏差的定义。

6.6.2　测量设备及测量内容

1. 测量设备

1）齿轮双面啮合综合检查仪，主要技术参数：齿轮中心距 50~300mm，齿轮模数 1~10mm。

2）单面啮合综合检查仪。

2. 测量内容

应用齿轮双面啮合综合检查仪记录被测齿轮回转一周时中心距的变化曲线。

齿轮综合测量的结果能连续地反映整个齿轮啮合点上的某些误差，本节重点介绍径向综合总偏差 F_i'' 和切向综合总偏差 F_i' 的测量方法。

6.6.3　仪器结构和测量原理

1. 径向综合偏差测量仪及测量原理

径向综合总偏差 F_i'' 是指被测齿轮与理想精确的测量齿轮双面啮合时，在被测齿轮一转内，双面啮合中心距的最大值与最小值之差。一齿径向综合偏差 f_i'' 是指被测齿轮与理想精确的测量齿轮双面啮合时，在被测齿轮一转内，双面啮合中心距变动的最大值。

图 6-16 所示为双面啮合综合检查仪的外形。它能测量圆柱齿轮、锥齿轮和蜗轮。其测量模数范围为 1~10mm，中心距为 50~300mm。仪器的底座 1 上安放着浮动滑板 5 和固定滑板 2。浮动滑板 5 与分度尺 4 连接，它受压缩弹簧作用，使两齿轮紧密啮合（双面啮合）。浮动滑板 5 的位置用凸轮 6 控制。固定滑板 2 与游标尺 3 连接，依靠手轮 15 调整位置。仪器的读数与记录装置由指示表 7、记录器 8、记录笔 9、记录辊 10 和摩擦盘 11 组成。理想精确的测量齿轮安装在固定滑板 2 的心轴上，被测齿轮安装在浮动滑板 5 上。由于被测齿轮存在各种误差（如齿轮径向圆跳动和齿廓误差等），两个齿轮转动时，双面啮合中心距会变动，变动量通过浮动滑板 5 的移动体现，并可由指示表 7 示值，或者由仪器附带的机械式记录仪绘出相应曲线。

2. 切向综合偏差测量仪及测量原理

切向综合总偏差 F_i' 是指被测齿轮与理想精确的测量齿轮单面啮合时，被测齿轮在一转

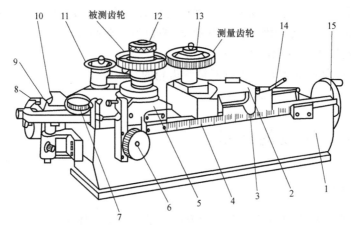

图 6-16 双面啮合综合检查仪的外形

1—底座　2—固定滑板　3—游标尺　4—分度尺　5—浮动滑板　6—凸轮　7—指示表　8—记录器　9—记录笔
10—记录辊　11—摩擦盘　12—固定轴　13—活动轴　14—紧锁杆　15—手轮

内的实际圆周位移与理论圆周位移的最大差值。齿轮单面啮合综合测量是在单面啮合综合检查仪上进行的，测量时，被测齿轮与理想精确的测量齿轮在正常中心距下安装，单面啮合传动。这个测量过程近似于齿轮的实际工作过程，所以测量结果能比较真实地反映整个齿轮所有啮合点上的误差。

（1）仪器结构及使用　单面啮合综合检查仪有机械式、光栅式及磁分度式多种，图 6-17 所示为光栅式单面啮合综合检查仪机械部分，该仪器主要由主机（机械部分）、齿轮误差分析和记录仪三大部分组成。主机配有两套高精度圆光栅传感器和测量回转驱动装置，以蜗杆为标准元件，在单啮合状态下对齿轮进行动态测量。标准蜗杆顶于蜗杆光栅头和横架 11 的尾顶尖之中，标准蜗杆和光栅头主轴轴系同步转动。被测齿轮与齿轮光栅头同轴安装，并位于光栅头 10 和上顶尖 9 之间。活动手轮 6 用以调节滑架 8 的上下位置。摇动纵向手轮 13，横架 11 可沿左立柱 18 的导轨上下移动，以适应齿轮的不同安装位置和不同截面的测量需求，其位置由垂直分度尺 17 读出。控制板 21 装有左右齿面换向开关和指示灯（注意：换向时，必须先停机断电再换向）。转速控制手轮 20 用于控制电动机 12 的转速。

（2）工作原理　光栅式单面啮合综合检查仪测量原理如图 6-18 所示，标准蜗杆由电动机带动，它由可控硅整流器供电，并能无级调速。

主光栅盘 I 与标准蜗杆一起转动。标准蜗杆又

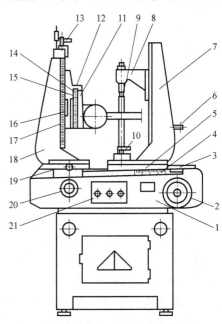

图 6-17 光栅式单面啮合综合检查仪机械部分

1—工作台　2—手轮　3—水平分度尺　4—水平游标　5—水平导轨　6—活动手轮　7—右立柱　8—滑架　9—上顶尖　10—光栅头　11—横架　12—电动机　13—纵向手轮　14—分度盘游标　15—分度盘　16—垂直游标　17—垂直分度尺　18—左立柱　19—横向手轮　20—转速控制手轮　21—控制板

带动被测齿轮及主光栅盘Ⅱ转动。标准蜗杆和被测齿轮轴端的两套光栅装置产生两个不同频率（f_1 和 f_2）的脉冲信号，然后这两列信号分别输入分频器，就变为两列同频的脉冲信号，其频率分别为 f_1/z 和 f_2/k（z 为被测齿轮的齿数，k 为标准蜗轮的头数）。再将这两列同频信号输入比相计进行比相，如果在被测齿轮一转内，相位差始终保持不变，则说明被测齿轮没有切向综合偏差；否则，相位差的变化会使比相计的输出电压也相应变化，这变化就反映了齿轮的切向综合总偏差和一齿切向综合偏差。当使用多头蜗杆进行齿间测量时，还可以获得齿轮界面整体误差曲线，整体误差即把齿轮所有工作面上的误差视为一体，并按啮合顺序统一在啮合线上，从整体误差曲线中

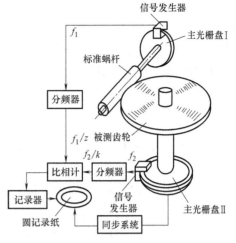

图 6-18　光栅式单面啮合综合检查仪测量原理

不仅可以容易地找出各种单项误差，而且可以直观、全面地看出各种单项误差之间的相互关系，从而可以分析各种误差对齿轮传动质量的影响、分析齿轮误差产生的原因。

（3）误差分析仪　误差分析仪可以对传感器输出的信息进行处理和分析，其面板如图 6-19 所示。使用时应注意。

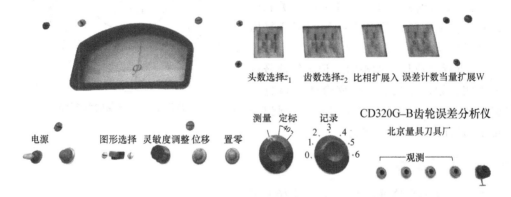

图 6-19　误差分析仪面板

1）先打开电源开关，使分析仪预热几分钟后再进行测量（测量前要按一下"置零"按钮）。

2）z_1 拨码盘在使用单头蜗杆时拨码数应为 01；双头蜗杆时拨码数应为 02；三头蜗杆时拨码数应为 03。

3）z_2 拨码盘拨码数为齿轮齿数。如齿数为 47，则拨码数为 047。

4）λ 拨码盘在齿轮误差越大时拨码数越大（λ 为 1~9 的正整数）。

5）W 拨码盘的拨码数随齿数 z 及 λ 选择的值增大而增大（W 取 1~99 的正整数，且大于 $\dfrac{6z_2\lambda}{127}$。当 $6z_2\lambda < 127W$ 时，拨码数为 W。

6）不断按动"位移"按钮，观察指示表，使测量的整个周期都包络在指示表指针摆动范围内，且在两边缘处都不出现大范围的无规则摆动。

7）"测量""定标"旋钮在测量时，必须置于"测量"挡；定标时，必须置于"定标"两挡中的某一挡。记录仪绘出一直线后旋钮置于"定标"的另一挡，记录仪又绘出一直线，两直线间的距离 L 相当于误差计数器输入 40 个脉冲的误差，记录纸上每单位宽度所代表的齿轮误差值按以下几个式子计算：

单位角度所代表的误差值（秒/mm） $K = 800 \dfrac{z_1}{z_2} \dfrac{W}{L}$。

单位线值在啮合线上所代表的误差值（μm/mm） $K_{\text{啮}} = \dfrac{\pi}{1.62} \dfrac{m_1 z_1 W}{L} \cos\alpha$。

单位线值在分度圆上所代表的误差值（μm/mm） $K_{\text{分}} = \dfrac{\pi}{1.62} \dfrac{m_1 z_1 W}{L}$。

8）"灵敏度调整"电位器一般控制在 $K = 1\text{pm}$ 之下。"记录"旋钮一般置于"0"位置。

（4）记录仪的使用 记录仪以长方形、圆形两种图形的形式显示齿轮误差。使用圆记录仪时，打开圆记录仪开关，关闭长记录仪开关；使用长记录仪时，则关闭圆记录仪开关，打开长记录仪开关。一般用圆记录仪仅可描绘出整体误差曲线。使用时应注意以下几点：

1）记录量程旋转位置，按出厂时的定挡，不要变动。

2）应在啮合前先打开记录仪电源开关和圆记录仪开关，以避免齿轮和蜗杆的剧烈往复撞击损坏仪器的轴系及同步系统的精度。

3）在进行"位移"调整时，记录仪信号输入开关关闭，记录笔抬起。位移合适后再打开信号输入开关，并记录。图 6-20 所示为圆记录纸上记录的切向综合偏差曲线。

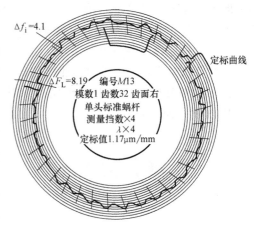

图 6-20 圆记录纸上记录的切向综合偏差曲线

6.6.4 测量步骤

1. 测量径向综合总偏差 F_i''（如图 6-16 所示）

1）旋转凸轮 6，将浮动滑板 5 调整到浮动范围的中间位置。

2）在浮动滑板 5 和固定滑板 2 的心轴上分别装上被测齿轮和理想精确的测量齿轮。旋转手轮 15，使两齿轮双面啮合。然后，锁紧固定滑板 2。

3）调节指示表 7 的位置，使指针压缩 1~2 圈并对准零位。

4）在记录辊 10 上包扎坐标纸。

5）调整记录笔 9 的位置，将记录笔尖调到记录纸的中间，并使笔尖与记录纸接触。

6）放松凸轮 6，由弹簧力作用使两个齿轮双面啮合。

7）进行测量。缓慢转动测量齿轮，由于被测齿轮存在加工误差，因此双面啮合中心距会产生变动，其变动情况由指示表或记录曲线图反映。在被测齿轮转一周的过程中，由指示表读出双面啮合中心距的最大值与最小值，两读数之差就是齿轮径向综合总偏差 F_i''。

在被测齿轮转动一齿距角时，从指示表读出双面啮合中心距的最大变动量，即为一齿径

向综合偏差 f_i''。

8）处理测量数据。从 GB/T 10095.1—2008 查出齿轮的径向综合总偏差和一齿径向综合偏差的标准值，将测量结果与其比较，判断被测齿轮的合格性。

2. 切向综合总偏差 F_i' 测量步骤（如图 6-17 所示）

1）预热。接通电源，在测量前打开主机、分析仪和记录仪的电源开关进行预热。当采用圆记录仪时，应注意在蜗杆还未与被测齿轮啮合前先打开记录仪的记录开关。

2）安装被测齿轮。将洗刷干净的被测齿轮装在心轴上，将心轴安装于齿轮光栅头和上顶尖之间并紧固。

3）安装标准蜗杆。当测量直齿圆柱齿轮时，标准蜗杆中心线应倾斜 λ 角度（λ 为标准蜗杆分度圆导程角）。当测量斜齿轮时，应倾斜 $\lambda \pm \beta$ 角度（β 为斜齿轮的分度圆导程角，式中正号用于二者旋转方向不同时，负号用于二者旋转方向相同时）。再转动左立柱 18 上的纵向手轮 13，将蜗杆中心面调整在被测齿轮的待测截面上并紧固。再转动左立柱 18 上的横向手轮 19，使标准蜗杆上精度最高的一段啮合线参加工作（一般取中间位置）。

4）调整中心距，在分析仪上安装记录纸。

5）开启主机总电源，顺时针转动工作台 1 上的转速控制手轮 20，使标准蜗杆带动被测齿轮旋转，转速应由慢逐渐加快，然后停止在某一位置上，转速（即测量速度）与齿轮误差大小、齿数及检测的误差项目等有关，应适当选择。

6）打开记录仪的开关，并选择记录笔在纸上的位置，落笔记录。测完一侧齿面后，抬起记录笔，关闭开关，逆时针旋转转速控制手轮 20，停止标准蜗杆的转动。

7）旋转控制板 21 上的测量换向旋钮，测量被测齿轮的另一侧齿面。

8）由记录曲线分析齿轮的切向综合总偏差 F_i' 以及一齿切向综合偏差 f_i'。

第2篇 智能检测技术

现代测试技术得到了快速发展，特别是计算机、软件、网络、通信等技术的发展推动了测试技术的日新月异。智能检测技术主要体现在以下几个方面。

1. 传感器向新型、微型、智能化方向发展

传感器的作用是获取信号，是测试系统的首要环节，现代测试系统都以计算机为核心，信号处理、转换、存储和显示等都与计算机直接相关，因而计算机技术属于共性技术，而传感器是千变万化、多种多样的，所以测试系统的功能更多地体现在传感器方面。

新的物理、化学、生物效应应用于传感器是传感器技术的重要发展方向之一。每一种新效应的应用，都会出现一种新型的敏感元件，例如，一些声敏、湿敏、色敏、味敏、化学敏、射线敏等新材料与新元件的应用，有力地推动了传感器的发展。由于物性型传感器的敏感元件依赖于敏感功能材料，因此，敏感功能材料（如半导体、高分子合成材料、磁性材料、超导材料、液晶材料、生物功能材料、稀土金属等）的开发也推动着传感器的发展。

快变参数测量和动态测量是机械工程测试和控制系统中的重要环节，其主要技术是微电子与计算机技术。传感器与微计算机结合产生了智能传感器，这也是传感器技术发展的新动向。智能传感器能自动选择测量量程和增益，具有自动校准与实时校准能力，能进行非线性校正、漂移等误差补偿的计算处理，完成自动故障监控和过载保护。智能传感器可以利用微处理技术提高传感器精度和线性度，修正温度漂移和时间漂移。

近年来，传感器不断发展，如把几个传感器制造在同一基体上，把同类传感器配置成传感器阵等。因此，传感器必须要微细化才可能实现多维传感器。

2. 测试仪器向高精度和多功能方向发展

仪器与计算机技术的深度结合产生了全新的仪器结构，即虚拟仪器。虚拟仪器采用计算机开放体系结构来取代传统的单机测量仪器，将传统测量仪器的公共部分（如电源、操作面板、显示屏、通信总线和 CPU）集中起来并由计算机共享，通过计算机仪器扩展板和应用软件在计算机上实现多种物理仪器的多功能集成。

微处理器速度的加快，使得一些实时性要求得到提高，原来要由硬件完成的功能变得可以通过软件来实现，即硬件功能软件化。另外，在测试仪器中广泛使用高速数字处理器也极大地增强了仪器的信号处理能力和性能，大大提高了仪器的测量精度。

3. 测试与信号处理向自动化方向发展

越来越多的测试系统都采用以计算机为核心的多通道自动测试系统，这样的系统既能实现动态参数的在线实时测量，又能快速地进行信号实时分析与处理。信号处理芯片的出现和发展，对简化信号处理系统结构、提高运算速度、提高信号处理的实时能力方面起到很大的推动作用。

第 **7** 章

数字化检测技术

7.1 CMM 坐标测量技术基础

自 1956 年，英国 Ferranti 公司成功研制了世界上第一台坐标测量机至今，绝大部分三坐标测量机均是由 3 个直线导轨，按照笛卡儿坐标系组成的具有测量功能的测量仪器，与传感器部件探测系统，以及控制系统、软件系统，组成一个完整的坐标测量系统。

三坐标测量机（Coordinate Measuring Machine，CMM）应用电子技术、计算机技术、数控技术、光栅测量技术（激光技术）、精密机械（应用新工艺、新材料和气浮技术）以及各种类型的探测系统等，可以完成各种复杂工件的测量，还可以与计算机辅助设计、加工设备配合使用等。

三坐标测量机作为一种通用性强、自动化程度高的高精度测量系统，在先进的制造业与科学研究中有极广泛的应用，是几何量测量技术先进、完美的体现。

7.1.1 三坐标测量机原理

三坐标测量机基本原理是基于被测工件的几何形状，在空间坐标位置（x、y、z）的理论位置（尺寸）与实际位置（尺寸）的直接比较测量出误差。其工作原理是将被测工件置于三坐标测量空间内，探测系统传感器在与被测工件模型接触时发出测量信号，通过信号的模数转换锁定坐标数据，测量出工件各测点的坐标位置。根据获取的空间坐标值，可计算出被测工件的几何尺寸、形状和位置。

三坐标测量机拥有 x、y、z 三个方向的运动导轨，可以对空间任意处的点、线、面及其相互位置进行测量。工件模型的复杂表面和几何形状通过探头的测量得到各点的坐标值，经过数学计算可获取几何尺寸和相互位置关系，并借助计算机完成相应的数据处理。

7.1.2 三坐标测量机的组成

三坐标测量机是 20 世纪 60 年代发展起来的一种新型高效率、高精度的测量仪器，它能对复杂工件进行精确的三维测量。三坐标测量机拥有 3 个方向的标尺，可利用导轨实现在 3 个相互垂直的空间方向上的运动，并通过探测头对被测工件进行测微（测出与给定标准坐标值的偏差）和瞄准。三坐标测量机可分为主机、电气控制硬件系统、数据处理软件系统 3 部分，如图 7-1 所示。

主机主要由大理石工作台、横梁、垂直轴、气路系统、传动系统、外罩等组成。气路系统具有自保护功能，包括气源处理模块，是测量机精度长期稳定的保证。主机是测量机的基

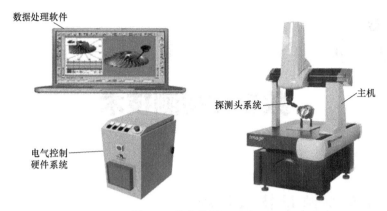

数据处理软件

探测头系统

主机

电气控制
硬件系统

图 7-1　数字化检测系统

础，其大理石工作台的热稳定性好；传动系统中的气浮结构、同步带传动、直流伺服传动保证了无摩擦传动，故系统传动平稳、传动精度高且精度的稳定性好。

电气控制硬件系统包括光栅系统、驱动系统、控制器、探测系统。光栅系统是提高测量机精度的保证，分辨率一般为 $0.1\mu m$ 或 $0.5\mu m$，用于获取三轴的空间坐标；驱动系统一般采用直流伺服驱动方式，具有传动平稳、功率较小的特点；控制器是整个电气控制硬件系统的核心，负责各种电气信号的处理和软件的通信，把软件的控制指令转化为电气信号，进而控制主机运动，同时把设备的实时状态信息传输给软件。目前控制器的发展方向主要是模块化、数字化、通用化；探测系统是测量机的核心部件，同时也是精度的保证，精度可以达到 $0.1\mu m$，探测系统包括测头座、测头、测针 3 部分，其中测头座有手动、机动、全自动 3 种形式，测针有针尖式、球头式、盘式等各种类型。

数据处理软件系统从功能上分，主要包括通用测量模块、专用测量模块、统计分析模块等。通用测量模块主要用于完成整个测量系统的管理，包括探针的校正、坐标系的建立与转换、几何元素的测量、几何公差的评价和文本检测报告的输出；专用测量模块一般包括齿轮测量模块、凸轮测量模块和叶片模块；统计分析模块一般指在工厂里，对一批工件的测量结果的平均值、标准偏差、变化趋势、分散范围、概率分布等进行统计分析的模块。

三坐标测量机拥有高精度、高性能、高速度、高效率、高性价比、适用于车间环境等特点。

7.1.3　三坐标测量机的分类

三坐标测量机按结构类型可分为移动桥式、固定桥式、龙门式、悬臂式、立柱式等。

三坐标测量机结构类型如图 7-2 所示。移动桥式为最常用的三坐标测量机结构类型，具有较高的刚度，由于梁的两端被支柱支撑，扰度较小，相对悬臂式有较高的精度。固定桥式的支柱（桥架）被固定在机器本体上，测量轴沿水平平面导轨做轴向移动，每轴都有电动机驱动，可确保位置精度。龙门式的设计结构主要用于测量大体积的工件，由于本身结构的特点，龙门式具有较大的惯性，测量速度较低。悬臂式则与龙门式相反，惯性小，测量的加减速性能较高。立柱式适用于大型工件的测量。在实际应用中，可根据被测工件的技术规范、尺寸规格及各种结构的具体特点选择不同类型的三坐标测量机。

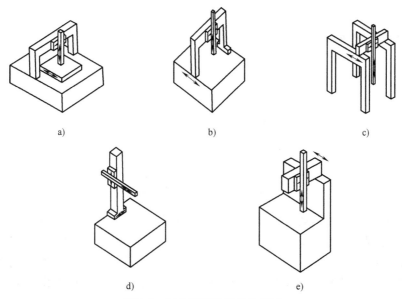

a)　　　　　　　　　b)　　　　　　　　　c)

d)　　　　　　　　　e)

图 7-2　三坐标测量机结构类型

a）移动桥式　b）固定桥式　c）龙门式　d）悬臂式　e）立柱式

7.1.4　传统测量技术与坐标测量技术的比较

传统测量技术与坐标测量技术的比较分析见表 7-1。

表 7-1　传统测量技术与坐标测量技术的比较分析

对比项目	传统测量技术	坐标测量技术
调整方式	对工件要进行及时的人工调整	不需要人工调整
任务适应	专用测量仪和多工位测量仪很难适应测量任务的改变	简单地调用所对应的软件，即能适应测量任务
测量比较	与实体标准或运动学标准进行测量比较	与数学模型进行测量比较
测量程序	尺寸、形状和位置测量在不同仪器上进行不相干的测量	尺寸、形状和位置的测量在一次安装中即可完成
测量结果	测量的结果由手工或机器打印逐项记录	一次打印出完整的信息报告，用于统计分析和 CAD 设计

坐标测量技术的应用可实现设计、加工和检测信息的无缝连接，加快开发和生产过程。坐标测量技术可以使产品生产周期缩短 40%；提高测量人员效率 50%，提高测量机利用率 50%，提高了生产速度和处理效率；能实现 100%检验，降低了废品率和成本，使用户满意；此外还可降低人员的劳动强度和工作难度，减小人为错误发生的可能性，降低对操作人员的要求；进而完善公司的标准化流程管理，提高员工的执行力和执行准确性；提高信息的完整性、安全性、方便性和功效性。先进的测量系统已经广泛应用在产品制造的各个环节，数字化检测过程如图 7-3 所示。根据设计的 CAD 模型，数字化检测平台需建立统一的检测规划，脱机实现程序的编制。

（1）程序编制智能化　可实现从设计到测量的完全无纸化操作，通过网络调用程序并执行程序，将测量结果利用网络统一管理。

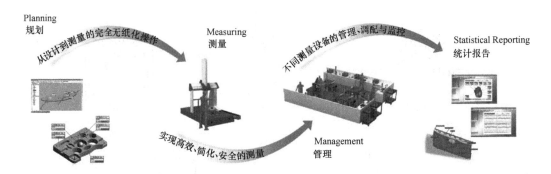

图 7-3 数字化检测过程

（2）测量操作智能化　通过一键操作降低了现场测量人员的测量难度。

（3）数据管理智能化　来自不同测量系统的数据统一存储在 MS SQL 数据库中，可方便地进行各种数据的输入与输出，可将 CAD 模型导入，也能提供直观的统计分析报告。

（4）设备监控智能化　可监控各种设备的工作状态，便于进行工作任务的设备指派、人员的工时统计与分析。

数字化检测平台优点：①定制的检测线，提供与现有生产制造系统相融合、匹配的检测系统；②定制的测量程序，进行测量程序的编制；③智能装夹功能，能够提高测量的效率并提供高重复性的测量结果；④自动上下料系统，能够减轻测量人员的劳动强度；⑤数字化检测体系，能够将测量数据连接生产制造数据库与 CAD 系统。

7.2　箱体工件数字化检测

7.2.1　测量目标

1）了解三坐标测量机的结构及组成。

2）掌握三坐标测量机测头校准、工件坐标系建立以及工件基本元素的测量的方法。

3）完成箱体工件的测量，绘制视图并标注完整尺寸。

7.2.2　测量概述

三坐标测量机是一种高效率、高精度、多功能的检测设备。三坐标测量机起初主要面向航空航天等高技术产业，而如今在现代制造业的各个领域，尤其是在汽车、机械制造、电子等工业中得到了广泛的应用。它可以进行零件和部件的尺寸、形状及相互位置的检测，例如箱体、导轨、涡轮和叶片、缸体、凸轮、齿轮等空间型面的测量；也可以对连续曲面进行扫描及编制数控机床的加工程序等。由于它通用性强、测量范围大、精度高、效率高、性能好、能与柔性制造系统相连接，已成为一类大型精密仪器，故有"测量中心"之称。

检测用的三坐标测量机，单轴每米测量精度也可达 $2 \sim 3 \mu m$；三坐标测量机可与数控机床和加工中心配套组成生产加工线或柔性制造系统，从而促进了自动化生产线的发展；随着三坐标测量机精度和自动化程度的不断提高三维测量技术不断进步，测量效率大大提高。尤其是电子计算机的引入，不但使数据便于处理，而且便于完成计算机数控机床的控制功能，可大大缩短测量时间。

三坐标测量机在汽车、摩托车制造业，航空工业及数控加工中的应用已越来越广泛，为使培养的学生能适应当今社会对人才的需求和我国经济建设的需要，三坐标测量机还与数控加工中心和计算机辅助制造组成封闭式的，加工、检测、生产、科研一条线的，具有国际、国内先进水平的实验室。

MQ/Daisy/ML 系列三坐标测量机是一种多用途、高效率的精密仪器，其三坐标测量机主机如图 7-4 所示，采用龙门式结构，操作空间开阔。该测量机采用 AC-DMIS 测量系统，AC-DMIS 测量系统充分利用了 Windows 环境的人机交互功能，操作简单、直观。该测量机主要用于三维测量，可测量点、线、面，特别适用于间接测量及位置公差的测量，如平行度、垂直度、角度、同轴度、对称度的测量，同时能方便地测出两物体的相交元素及投影位置，此外对曲面和复杂轮廓也能测量。

图 7-4　三坐标测量机主机

7.2.3　三坐标测量过程

1. 三坐标测量机

该测量机由 AC-DMIS 测量系统和测量机主机组成，测量系统由计算机（PC 机）和控制系统软件，即由 AC-DMIS 测量软件和相应的硬件接口组成。三坐标测量仪配置示意图如图 7-5 所示。

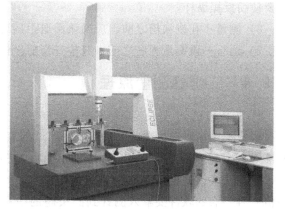

该测量机采用气动式导轨，故 x、y、z 轴摩擦系数均为零。测量工作台是大理石台面，测尖由人造宝石制成，耐磨性好，可以减少由测尖磨损引起的误差。

2. 三坐标测量机日常操作、维护与保养

为了保证三坐标测量机能够长期有效地工作，应养成良好的操作习惯并坚持对测量机进行合理规范的日常维护保养。

图 7-5　三坐标测量仪配置示意图

开机步骤如下。

1）检查是否有阻碍机器运动的障碍物。

2）打开总电源。

3）打开气压表（检查三坐标测量机的气压表指示值应不低于 0.6MPa，先开小气，后开大气）。

4）打开控制柜电源。顺时针方向旋转，松开控制柜上的急停按钮。

5）打开计算机。

6）启动 AC-DMIS 测量软件。

7）打开机器和手操器上的所有急停开关；给 x、y、z 加上使能，单击机器回零。

关机步骤如下。

1）把测头座角转到 90°。

2）将三轴移到接近回零的位置。

3）按下操纵盒及控制柜上的急停按钮。

4）退出测量软件操作界面。

5）关闭计算机。

6）关闭气源（先关大气，后关小气）。

7）关闭总电源。

3. 安全操作注意事项

1）在已经彻底了解了在紧急情况下如何关机之后，才能尝试运行机器。

2）只能用花岗岩表面作为测量区域（轨道不能被碰伤、划伤）。

3）不要使用压缩空气来清理机器，未经良好处理的压缩空气可能导致污垢产生，影响轴承的正常工作，应尽可能使用吸尘器来清理机器。

4）保持工作台表面的整洁和被测工件表面的清洁。

5）测量工件时，如果中间休息，应把 z 轴移到被测工件的上方（安全平面），并留出一段空间，然后按下操纵盒上的急停按钮。

6）禁止让机器急速转向或反向。

7）手动操控机器探测时应使用较低的速度并保持此速度均匀。在自动回退完成之前，不要使劲扳操纵杆。

8）测量小孔或狭槽之前，应确认回退距离设置适当。

9）运行一段测量程序之前，应检查当前坐标系是否与该段程序要求的坐标系一致。

7.2.4　三坐标测量原理

1. 测头校正

测头校正主要在标准球上进行。标准球的直径为 10~50mm，其直径和形状误差已经过校准（厂家配置的标准球均有校准证书）。校正前需要对测头进行定义，根据测量软件要求，选择（输入）测头座、测头、加长杆、测针、标准球直径（是标准球校准后的实际直径值）等，有的软件要输入测针到测头座的中心距离，同时要分别定义能够区别其不同角度、位置或长度的测头编号。一般用手动、操纵杆、自动方式在标准球的最大范围内触测 5 点，点的分布要均匀。计算机软件通过这些点的中心坐标 x、y、z 值进行球的拟合计算，得到一个拟合球，并得出球心坐标、直径和形状误差。将拟合球的直径减去标准球的直径得出校正后测针宝石球的直径，即"动态直径"。当对其他不同角度、位置或不同长度的测针按照以上方法完成校正后，由各拟合球中心点坐标差别得出各测头之间的位置关系，由软件生成测头关系矩阵。当我们使用不同角度、位置和长度的测针测量同一个工件不同部位的元素时，测量软件都会把它们转换到同一个测头（通常是 1 号测头）上，就像使用一个测头测量的一样，凡是经过在同一标准球上（未更换位置的）校正的测头都能准确实现这种自动转换。

2. 建立工件坐标系

基准选取原则：①先考虑装配基准，再考虑设计基准，最后考虑加工基准；②在同等条件下，选择较大平面或较长轴线作为基准。

3. 工件坐标系的建立过程

1）坐标系初始化（还原到机器坐标系）。

2）空间旋转、空间找正。

一般情况，在同一基准下进行空间旋转。

① 空间旋转元素为平面和线元素，线元素包括直线、组合直线、圆柱轴线、圆锥轴线等。

② 元素的正方向：平面正方向即为平面法向（向实体外），线元素正方向即为 x、y、z 轴与直线的夹角同轴方向接近的为正方向，当线元素与坐标轴夹角为锐角时，该线元素方向与坐标轴方向大概一致。

③ 平面进行空间旋转的含义：把某一坐标轴旋转到与该平面的法线平行的方向，当选择 $+x$、$+y$、$+z$ 时与平面的正方向一致；当选择 $-x$、$-y$、$-z$ 时与平面的正方向相反。

④ 线元素进行空间旋转的含义：把某一坐标轴旋转到与该线平行的方向，当选择 $+x$、$+y$、$+z$ 时与直线的正方向一致，当选择 $-x$、$-y$、$-z$ 时与直线的正方向相反。

3）平面旋转、平面内旋转。

一般情况，在第二基准平面下进行平面旋转。

① 一般情况下平面旋转元素为线元素，且此线元素旋转指平面的法线进行平面旋转。

② 线元素进行平面旋转的含义：先把该线投射到第一基准平面上（软件内即可进行），再把某一坐标轴旋转到与投射后的直线平行的方向，当选择 $+x$、$+y$、$+z$ 时与该直线正方向一致，当选择 $-x$、$-y$、$-z$ 时与该直线正方向相反。

③ 当第二基准平面与第一基准平面不垂直时，第二基准平面则需要进行平面旋转。

4）坐标平移、置零位：其目的是确定坐标系零点。

① 三轴同时进行坐标平移来确定坐标系原点时，可以使用该方法置零位，例如求球心、对称中心点、投影点、垂足点等。

② 先平移一个坐标轴，再同时平移另外两个坐标轴，例如当图样要求把坐标系原点放到某一圆心所在的某一平面上时，可以用该方法。

③ 三轴分别进行坐标平移，当图样要求把坐标系原点放到工件棱角上时，使用该方法。

④ 当图样要求把坐标系原点放到某一方形工件棱角上时，判断坐标系的 3 个平面是否分别与 3 个坐标轴垂直，如果垂直，则采用上述①、③方法；如果不垂直，则只能采用②方法。

⑤ 当图样要求把坐标系原点放到某一平面内时，判断该平面与哪个坐标轴垂直，就平移该坐标轴。

⑥ 当图样要求把坐标系原点放到某一圆心位置时，判断该圆所在圆柱的轴线与哪两个坐标轴垂直，就平移这两个坐标轴。

5）理论坐标系的变换。

① 理论坐标系旋转：从围绕轴正向朝负向看，顺时针该轴为负，逆时针则为正；反之，从围绕轴的负向朝正向看，顺时针该轴为正，逆时针则为负。

② 理论坐标系平移：向正方向平移为正值，向负方向平移为负值。

7.2.5　基本几何元素测量

1. 点

测量点在当前坐标系下的坐标值。

2. 直线

x、y、z 表示过当前坐标系原点的直线，过该直线上点向 3 个方向做垂线，垂足点的坐标值。

$A1$、$A2$、$A3$ 分别表示该直线与 x、y、z 轴的夹角，形状误差为直线度误差。

3. 平面

在平面的最大范围内测 5 点

x、y、z 表示平面重心点的坐标值。

$A1$、$A2$、$A3$ 表示平面的法向量与 x、y、z 轴的夹角。

形状误差为平面度误差。

4. 球

在球面的最大范围内测 5 点（均匀）。

x、y、z 表示球心坐标值。

距离表示球直径。

形状误差为球的球度误差。

5. 圆柱

x、y、z 表示圆柱第一截平面的圆心坐标值。

$A1$、$A2$、$A3$ 表示圆柱轴线与 x、y、z 轴的夹角（测 2 个截面，每个截面圆内测 4 点）。

形状误差为圆柱度误差。

6. 圆锥

测 2 个截面，方法同圆柱。

x、y、z 表示圆锥顶点的坐标值。

$A1$、$A2$、$A3$ 表示圆锥轴线与 x、y、z 轴的夹角。

角度表示锥半角。

7. 圆

方法一：先测基准，再旋转空间（垂直于被测平面的直线为 z 轴），在圆周上测量 4 点。

方法二：先测矢量平面，再测圆；选择矢量平面，作圆。

x、y、z 表示圆心坐标值。

距离表示圆的直径。

形状误差为圆度误差。

8. 椭圆

测量方法与圆相同，测 6 个点。

x、y、z 表示圆心坐标值。

$A1$、$A2$ 表示椭圆长轴和短轴的长度。

角度表示椭圆长轴与 x 轴的夹角。

9. 方槽

测量方法与圆相同，方槽测点顺序如图 7-6 所示。

x、y、z 表示方槽中心坐标值。

$A1$、$A2$ 表示方槽的长和宽。

10. 圆槽

测量方法与圆相同，圆槽测点顺序如图 7-7 所示。

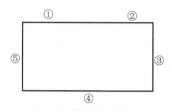

图 7-6 方槽测点顺序

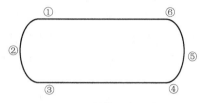

图 7-7 圆槽测点顺序

x、y、z 表示圆槽中心坐标值。

$A1$、$A2$ 表示圆槽的长和宽。

11. 圆环

圆环测点顺序如图 7-8 所示。

x、y、z 表示圆环圆心坐标值。

$A1$ 表示圆环分度圆直径。

$A2$ 表示圆环截面圆直径。

7.2.6 相关元素测量

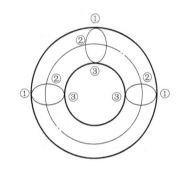

图 7-8 圆环测点顺序

1. 相交

1）线与线相交，结果为两直线交点。

2）直线与圆相交，结果为直线与圆所在平面的交点。

3）直线与球相交，结果为 2 个点。

4）直线与圆柱相交：①直线与圆柱表面相交，②直线与圆柱轴线相交。

5）平面与圆柱相交：结果为平面与圆柱表面相交、平面与圆柱轴线相交。

2. 角度

根据图样要求进行角度测量。

3. 距离

根据图样要求测两个元素的距离。

4. 垂足

过点元素向线元素或平面元素做垂足。

5. 对称元素

1）点元素与点元素对称。

2）线元素与线元素对称。

3）平面元素与平面元素对称。

6. 圆锥

1）给定高度，求直径。

2）给定直径，求高度。

7.2.7　几何公差

1）平行度：先测基准元素，再测被测元素，求平行度。

2）垂直度：测量方法同平行度测量方法。

3）锥度：测量方法同平行度测量方法，注意输入理论倾斜角度 θ。

4）位置度：先按图样建立工件坐标系，测量被测元素，再求位置度，操作时应先选择被测元素，选择投影平面，输入理论尺寸和公差。

对内孔，用最大内切法（最大实体要求时）测量；对外孔，用最小外接法测量。

5）同轴度：先测基准元素，再测被测元素，求同轴度。

6）同心度：先测基准元素，进行空间旋转，再测基准元素和被测元素，求同心度。

在求同轴度时，当基准元素或被测元素的高度比较小时，转换成同心度。

7.2.8　测量任务

1）完成箱体工件（如图 7-9 所示）各元素尺寸测量，如圆、圆柱、平面等。

2）完成箱体工件各元素尺寸计算，如箱体长、宽、高等。

3）完成箱体工件的几何公差测量。

7.2.9　箱体测量步骤

1）三坐标测量机开机后，先进行测头校正。

2）根据被测工件的位置，建立工件坐标系。

图 7-9　箱体工件

① 先选择基准面该基准面为重要的加工面，一般可作为工件的设计和加工基准；再进行基准面测量，并确定基准面的法向为第一坐标轴 z，如图 7-10 所示。

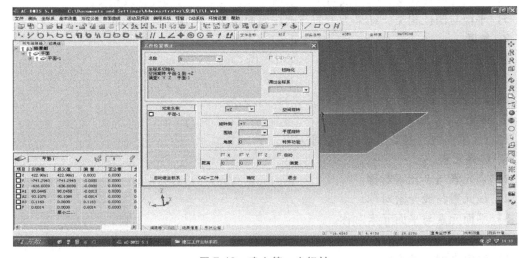

图 7-10　建立第一坐标轴

② z 坐标轴确定后，在 x 或 y 平面选择一条直线，定义为 x 轴（或 y 轴），如图 7-11 所示。

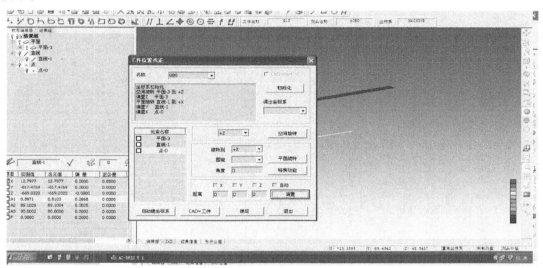

图 7-11　建立第二坐标轴

③ 前两坐标轴确定后第 3 轴自动产生，可以选择圆心为坐标原点，也可以选择两直线的交点（一般为箱体工件的一个角点）为坐标原点，如图 7-12 所示。

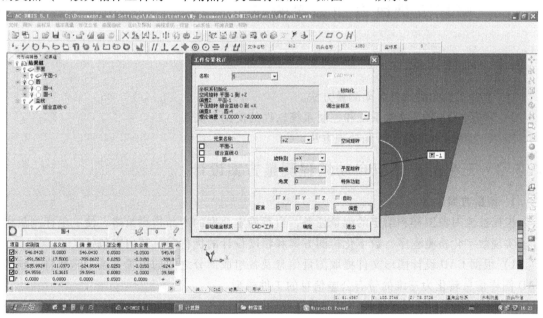

图 7-12　定义坐标原点

3）测量箱体工件的基本元素，如测量圆，得到圆的直径、圆心坐标和圆度误差），如图 7-13 所示。

4）尺寸计算（如计算得到箱体长、宽、高、厚度等参数）。

5）几何公差测量（如箱体轴线与底面的垂直度、两圆柱的同轴度、位置度等）。

6）根据尺寸完成箱体三视图绘制，并完整标注尺寸。

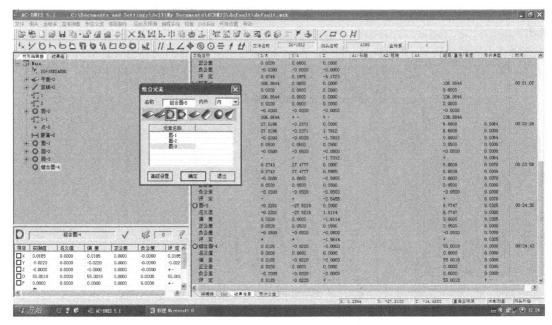

图 7-13　组合圆形成

7.3　三坐标测量机自动编程测量

7.3.1　测量目标

1）学会三坐标测量机自动测量方法。

2）掌握 AC-DMIS 测量系统和控制系统软件的使用方法。

3）学会测量数据的分析和处理方法。

7.3.2　三坐标测量机自动编程测量方案设计

1. 测量方案设计

根据被测对象图样和给定的测量任务，自行确定合理的产品检测策略，使三坐标测量机自动实现数字化检测程序、数字化检测方案和精度设计的优化等。其内容包括：

1）根据 CAD 设计图形文件提取测量信息及各组成部分之间的位置关系，然后将二维的 CAD 图样信息转化为三维的带有公差信息的工件模型。

2）智能装夹系统由定位模块、支撑模块、锁紧模块、可调机构和连接模块组成，利用计算机视觉软件处理工件的图像，完成零部件在测量机中的位姿调整，并在此基础上建立工件坐标系。智能装夹系统数据接口模块示意图如图 7-14 所示。

3）根据三坐标测量机测量知识库自动规划测量顺序和路径、选择测头及其附件、设计测量精度最优的测量点数及其分布等。

2. 测量的软硬件系统

1）德国 QM686 三坐标测量机，配有 LPX 系列测头和 AC-DMIS 测量软件。

2）柔性装夹系统，可实现数字化检测和一体化智能装夹。

3）数据采集系统，通过点到点接触测量或用扫描测头进行连续扫描测量。

4）数据分析功能，测量软件包，可实现对工件所采集测量点数据的分析，并与设计数据进行比较。输出各种参数及其分布图，以便于快速发现和修正制造过程中的误差。

5）过程控制功能，通过检测、分析等过程控制来保证产品质量，测量过程软硬件系统，如图 7-15 所示。

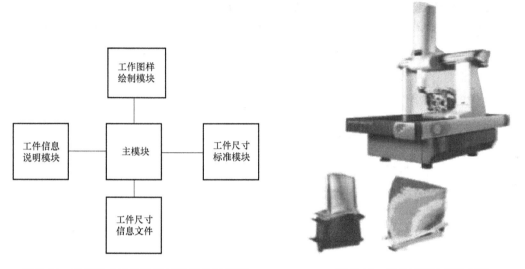

图 7-14　智能装夹系统数据接口模块示意图　　　　图 7-15　测量过程软硬件系统

7.3.3　测量设备

1）三坐标测量机（详见 7.2.2 小节测量概述）。

2）AC-DMIS 测量软件系统，基本测量菜单如图 7-16 所示。其中包括提取特别元素、当

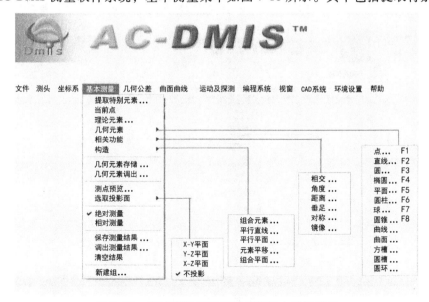

图 7-16　AC-DMIS 测量软件系统基本测量菜单

前点、理论元素、几何元素、相关功能、构造、几何元素存储和调出、测点预览、选取投影面、测量方式的选择、测量结果的保存与调出及坐标系经过平移后测量结果的再现。几何元素和相关功能是我们测量中使用最多的功能。

7.3.4 自动测量实施过程

1) 在软件中选择"编程系统"菜单，如图 7-17 所示，并输入安全语句。

2) 用手动模式建立工件坐标系（详见 7.2.4 小节）。

3) 在软件中选择"运动及探测"菜单，并选用"CNC 模式"选项，如图 7-18 所示。

图 7-17 "编程系统"菜单

图 7-18 选取"CNC 模式"选项

4）菜单"基本测量"功能，如图 7-19 所示，同时给出定位信号。

5）曲线扫描如图 7-20 所示。

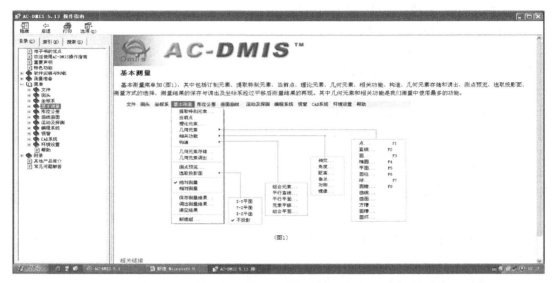

图 7-19　菜单"基本测量"功能

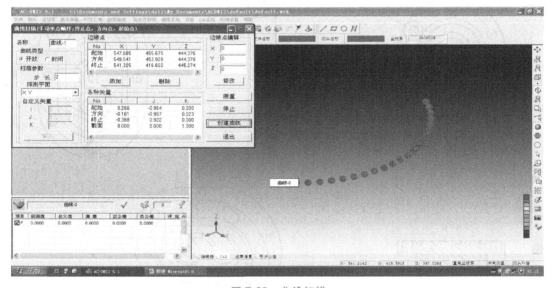

图 7-20　曲线扫描

6）部分程序代码示例

```xml
<xml version="1.0"encoding="UTF-8" standalone="yes">
-<SysConfig>
-<MashineDO>
  <Speed>80</Speed>
  <Acceleration>100</Acceleration>
  <Moderator>100</Moderator>
```

-<Micrometer>

<Explore Speed>4</Explore Speed>

<Explore Distance>5</Explore Distance>

<Search Distance>3</Search Distance>

<Back Speed>8</Back Speed>

<Back Distance>2</Back Distance>

<touch Accel>5

<Manual Back Dis>2</Manual Back Dis>

<Manual Back Speed>10</Manual Back Speed>

7.3.5 盘盖类零件测量步骤

1）进入编程系统，给出指令。

2）完成零件各元素尺寸测量，如圆、圆柱、平面等；并实现自动测量。

3）完成零件各元素尺寸的计算，如箱体长、宽、高等。

4）完成零件的几何公差测量。

5）生成盘盖类零件（如图 7-21 所示）测量程序。

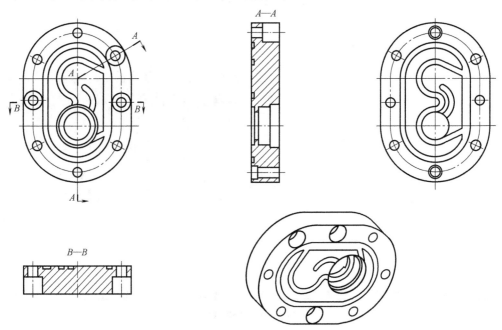

图 7-21　盘盖类零件图

7.3.6 测量数据分析

测量软件 AC-DMIS 提供了完整的测量报告，能够自动生成图形化报告。该工具能够向 Microsoft Excel 输出测量与检测数据以便进行分析。如果尺寸数据显示不合适，操作者就会相应地调整测量操作过程。同时，测量软件 AC-DMIS 还包括了可视的工作编程环境，可利用三维空间测量模拟，整个测量过程（包括测量机、测头、被测工件）。此外测量软件 AC-

DMIS 可以对实际测量数据与理论值进行直观比较，准确地找出加工后任意位置的偏差，快速地进行质量反馈，促使操作者及时调整加工设备生产过程，提高产品合格率。

7.4 测量过程自动控制与数字化检测集成

7.4.1 测量过程自动化

1. 自适应控制技术

（1）自动控制的工作原理　根据给定的输入指令和必要的反馈信息，按照预先设定的控制算法，自动控制受控部件完成特定的动作。例如，闭环或半闭环控制的数控机床就是一种比较典型的自动控制系统。数控补插器根据工件加工程序计算出某一段时间内机床移动部件的位移量和速度，并将代表该位移量和速度的数字信号，输出给伺服控制系统。由伺服控制系统根据指令值和传感器检测得到的实际位移量和速度，自动调整伺服电动机的转速及转角大小，从而实现位置控制。

自动控制系统在控制时完全按照预先设定好的程序进行控制，面对突发性的某些情况处理能力比较差。例如，数控机床在加工过程中如遇到材料中有硬点或刀具过度磨损等情况，自动控制系统则会无法对其做出反应与调控。

自适应控制系统是一种特殊形式的非线性控制系统，该系统在运行中能够自动地获取改善系统品质的有关信息，并能自动修改系统的结构或参数，使得系统达到所要求的状态，因此，自适应控制系统应包括以下 4 个部分：①基本的调节控制反馈回路；②系统的准则给定，包括要求的系统性能指标或最优准则；③实时在线辨识结构，以获取必要信息；④实时修正的调整机构，用以改变系统的结构或参数。

自适应控制系统可以对突发性的事件进行必要的调整与控制，使过程控制量优化。仍以数控机床为例，配有检测刀具切削力传感器，实时在线测量切削力，并将该信号反馈给自适应控制器。自动控制系统按照预先设计好的程序控制机床动作，进行切削加工。当材料出现硬点或刀具过度磨损使切削力增大时，自适应控制器可以自动调整切削用量以使切削过程最优。

（2）自适应控制系统　自适应控制系统的关键是优化参数、优化方法和测量传感器。其中优化方法是一种对优化参数进行分析处理的数学方法。目前，常用的自适应控制方案可分为 3 类：增益调度（Gain Scheduling）、模型参考适应控制（Model Reference Adaptive Control，MRAC）和自校正调节系统（Self-Tuning Regulatory System）。对这 3 种自适应控制系统简述如下。

1）增益调度又称为增益规划，其控制方案可用图 7-22 表示。

系统中某些运行参数可以用来改变系统的动态特性。控制系统对这些变量进行测量，再用测得的变量来改变调节器的参数，从而达到改变过程增益大小的目的，进而改善系统特性。

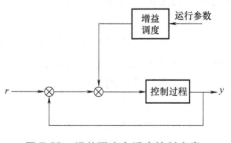

图 7-22　增益调度自适应控制方案

程增益大小的目的，进而改善系统特性。这种类型的自适应控制系统的关键是要解决运行参数表达及运行条件的形式，以及如何实现调节器参数的转换问题。

2）模型参考适应控制系统（MRACS）控制方式是由美国麻省理工学院（MIT）的 Whitaker 教授提出来的，图 7-23 是其控制过程图。参考模型作为控制系统的一部分，其输出为被控制系统的理想输出。参考模型的输出 y' 和被控过程的输出 y 进行比较，模型误差为

$$e = y - y'$$

e 输入自适应单元再产生对调节器参数的调整，使得

$$\lim e = 0$$

模型参考适应控制系统的关键是确定适当的调整机构的形式，即确定自适应控制率，另一个关键是如何确定正确的参考模型。

3）自校正调节系统可以看作是在每一个采样间隔里对过程进行一次建模，并对该过程进行自动控制的系统。图 7-24 是自校正调节系统的结构框架图。

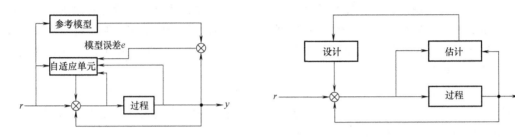

图 7-23　模型参考适应控制过程图　　　　图 7-24　自校正调节系统的结构框架图

自校正系统需要在线、实时地估计过程或控制器模型的参数，以便跟踪过程的参数或实时的动态特性，依次使用递推算法。

递推参数估计算法的通用公式为

$$\boldsymbol{\theta}_k = \boldsymbol{\theta}_{k-1} + \alpha(k)\boldsymbol{M}(k)\boldsymbol{\phi}_k \boldsymbol{\varepsilon}(k) \tag{7-1}$$

式中，$\boldsymbol{\theta}_k$ 为第 k 次估计的参数向量；$\boldsymbol{\theta}_{k-1}$ 为第 $k-1$ 次估计的参数向量；$\alpha(k)$ 为第 k 次标量增益因子；$\boldsymbol{M}(k)$ 为改变参数校正方向的矩阵；$\boldsymbol{\varepsilon}(k)$ 为输出误差向量，其计算公式为

$$\boldsymbol{\varepsilon}(k) = \boldsymbol{y}(k) - \boldsymbol{\phi}_k^{\mathrm{T}} - \boldsymbol{\theta}_{k-1} \tag{7-2}$$

式中，$\boldsymbol{\phi}_k$ 为第 k 次数据组成的向量。

当 $\alpha(k) = \lambda$ 时，$\boldsymbol{M}(k) = \boldsymbol{I}$ 为单位矩阵时，式（7-1）变成

$$\boldsymbol{\theta}_k = \boldsymbol{\theta}_{k-1} + \lambda \boldsymbol{\phi}_k \boldsymbol{\varepsilon}(k) \tag{7-3}$$

得到梯度法递推参数估计公式。

2. 自适应测量技术分析

自适应测量技术是自动测量技术的发展。目前多数测量系统采用手动测量的控制方法，部分测量系统采用自动测量控制技术。例如，对于中、大型曲面工件的坐标测量而言，主要是在不降低测量精度的前提下，提高测量效率，其方法是加大测量步长，减少测量点数。具体过程如下：对于中、大型工件的表面测量，其测量精度要求较高，测量点数多，采用常规方法测量时，接触式测量头测量工件时需逐点进行测量。

针对每个待测的工件表面上的点，测量头需经过如下的工序才能完成其测量工作：z 轴快退→单轴（x 或 y）工进一个步长→z 轴快进→z 轴工进→测头与工件相接触，发出触发信号→坐标测量系统记录 x、y、z 坐标值。这样，每个测点均需要经过一个不算短的进给与测量时间，假设该时间为 $t = 4s$，当测点数 $n = 30000$ 时，则总的测量时间为 $T = 4s \times 30000 =$

120000s～33h。每天连续测量 8h，还需要 4 天多的时间才能完成一个工件的测量。如果采用自适应测量技术（智能测量），减少了点数，就可大幅度地提高测量效率。

通过对被测工件形状的分析，在不降低测量精度的前提下，减少测量点数，提高测量效率。其优化参数可选为工件的曲率半径，优化方法是根据工件曲率半径的变化，实时自动调整测量步长，做到"缓疏急密""大疏小密"。即当曲率半径变化比较平缓时，测量点数少，变化比较剧烈时，测量点数多；曲率半径比较大时测量点数少，曲率半径比较小时测量点多。

测量系统采用自动测量方法测量曲线，并将测量结果即数据作为学习样本输入给自适应测量系统进行学习。通过对这些学习样本的学习，自适应测量系统可以获得整个曲面的形状信息，并进行自适应测量。

具体方法是：根据待测的某一扫描线的位置和样本学习的结果，先进行若干点（5～10 点）的测量，计算出曲率半径，并与学习结果进行比较。然后根据曲率半径变化情况，推算出将来若干点的曲率半径值，改变测量步长。为了对推算的曲率半径值进行判断，则随机对某推算点的坐标值进行实测，计算出其曲率半径值，并根据实际情况修正预测函数。由于待测工件外形尺寸比较大，曲率半径变化比较剧烈，经常有一些凸台、凹坑等，为此设置了人为干预键，进行人为干预。如图 7-25 所示为自适应测量程序框图。自适应测量一般采用两步走的策略。第一步只针对一个坐标，如先对 y 轴坐标数据进行自适应控制。待技术成熟后，进行第二步，即对 x、y 坐标均进行自适应控制。

在自适应测量系统中，测量参数为工件的曲率半径，优化目的是在不降低测量精度的前提下尽量减少测量点数，测量方法是通过样本的学习和当前测量点的曲率半径的计算，推算出待测的若干点的曲率值。

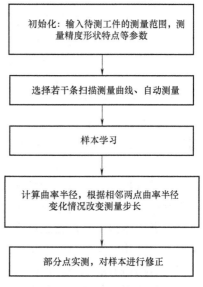

图 7-25　自适应测量程序框图

3. 自适应测量方法

自适应测量的关键是自适应测量系统的测量方法必须具有根据对学习样本的分析，能推算出待测点的坐标值的功能（趋势预测），即能根据样本的学习和当前的曲率半径计算值等，推算出工件待测点的曲率半径变化情况，从而计算出测量步长，因此，首先要进行测量方法的介绍。

（1）多项式拟合法　多项式拟合法中比较常见的是三次插值函数法。具体定义插值点：$x_0 < x_1 < x_2 < \cdots < x_n$。

在区间 $[x_0, x_n]$ 上 $y = f(x)$ 的三次样条插值函数 $s(x) = f(x_j) = y_j$（$j = 0$，1，2，…，n），其应满足下列条件：在每个子区间 $[x_j, x_{j+1}]$ 上 $s(x)$ 都是三次多项式；$[x_0, x_n]$ 上 $s(x)$ 有一、二阶连续导数，以保证曲线光滑连续。

对于测量系统而言，$f(x_i) = y_i$ 为型值点坐标参数，每一条扫描测量线上的这些坐标参数不等，这就需要进行平均处理或分区进行平均处理，即根据对应的 x_i 值，求 y_i，这种处理方法当坐标数据相接近时比较适用，但当数据相差较大时误差亦较大。经分析认为，三次样条插值函数适用于曲线拟合，不适用于根据扫描测量得到的数据样本的学习和测量梯度的计算，而推算出待测点的坐标值。

（2）神经网络法　神经网络方法非常适用于非线性的函数推理计算。当选取的学习样本合适、范围满足要求时，学习的精度是很高的，同样，推理的结果精度也是很高的。目前，神经网络技术及其相应的软件技术也日渐成熟，神经网络适用于自适应测量系统。

（3）时间序列法　时间序列法是对按时间顺序发生的事件进行计算分析，得到相应的多项式形式的计算公式，然后根据公式去推测未来发生事件可能性的一种数学处理方法。这种方法具有趋势预测功能，因此可以应用于自适应测量系统中。

针对测量系统而言，如果待测点少，则自适应测量技术应用的意义不大，因为测量点数少、测量时间短，效率提高不明显，但工件尺寸比较大、曲面形状变化比较剧烈时，这种技术就非常重要了，因为测量点数多、测量时间长，加大测量步长、减少测量点数对测量效率的提高非常明显，具有实际意义，同时对测量理论研究也有较大的贡献。

7.4.2　测量过程控制

按照测量控制方式的不同，三坐标测量的控制方式可分为以下几类：手动控制测量、机动测量、自动控制测量，自动扫描测量，有时一台设备同时具有其中2种或3种控制方式。

1）手动控制测量和机动测量。这种测量方式是最原始的也是最直观的测量方式。目前测量机上带有机器人示教功能的属于此类，是由人操作控制盒（机器人上称为示教盒）控制和引导测量头，或者直接由人引导测量头到指定位置进行测量的方法。这种方法有如下特点：操作者可根据工件形状、精度等情况自行更改测量轨迹与点数，劳动强度大，速度低，效率不高，适用于简单形状、单件工件的测量。

2）自动控制测量。这种测量方式目前应用较多，特别是对三维曲面进行测量时，应根据被测工件表面形状和精度要求，设定测量轨迹、参数等，并编写测量程序。然后，测量头根据计算机的测量程序，按照给定轨迹、步长、区域等参数，自动完成对工件表面的测量。这种方法的特点是测量速度快、测量精度高。

3）自动扫描测量。这种测量方式能控制测量头对空间任意曲面进行三维扫描测量。实现三维运动的方式可采用直角坐标系、圆柱坐标系、球坐标系或采用机器人的多关节坐标结构等。

为了扩大测量范围，有的三坐标测量机还配有分度头、回转台等，这样便构成了四坐标、五坐标测量机。

在自动控制测量过程中，如何在满足精度要求的前提下，以最快的速度完成测量任务是测量工作的核心。对采用触发式测量头进行的曲面测量而言，曲面→曲线→测点→测点集的分解次序是实现曲面数字化的基本步骤。测量点的疏密应随曲面曲率半径变化而变化，曲率半径越大，测量点越多，反之亦然，因此必须确定测点的多少和分布情况，这就要求进行相应的路径规划。根据路径规划方式的不同，可形成不同的测量方案。通常自动扫描测量采用等间距的扫描测量，利用这种方法，缩短测量步长可以提高测量精度，但采样点的增多会降低测量效率。为提高测量效率应采用自适应测量技术。

自适应控制测量的步骤是：①首先进行路径规划，确定测量边界，此步骤主要依赖于人的经验，并由示教方式实现；②沿直线 x 向进行单点测量，测点间的距离和测点的姿态根据历史数据实现自适应确定；③在一条测量直线（x 向）的末尾，固定 x 坐标值，沿 y 向移动一个间距，再固定 y 坐标值，沿 x 向继续测量。

进行测量时，根据测量头移动路径规划的方式，采用二维半联动时的路径规划，此时机械本体状态相当于三维联动或二维半联动，如图 7-26 所示，x、z 轴联动，y 轴测量头做周期性等距进给的调整运动。

由于曲面测量的结果往往被后续加工利用，因此，在进行曲面测量路径规划时，还应该考虑具体的实际应用。一般来讲，测点的分布和数量的确定和以下因素有关：单点测量误差、由测点集拟合得到的曲面和实际曲面的误差（即工件要求的误差范围）以及加工过程的工艺能力。

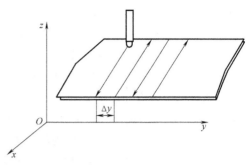

图 7-26　二维半联动时的路径规划

在许多情况下，由于测量的目的是识别由单个测点形成待测的曲面，因此，测量过程可视为一个曲面识别的过程。

7.4.3　自适应测量过程

测量过程的自适应问题是针对接触式测量中测量数据比较多、规律性比较强的自动测量提出的。对于手动测量，测点的位置靠人去找，合适的测量位置由人判断后测量得到。但要测量大型的空间表面，手动测量的速度就成为主要问题。

测量过程是通过若干点的测量来实现的。显而易见，测量点数越多，测量时间就越长。为了提高效率，就必须从测量点数目和测量速度上加以考虑。

减小单点测量的时间，主要从测量头的结构改进和控制软件及硬件上实现。测量头的结构改进，适应测量头高速运动的要求，并且能够快速提供响应信号，控制硬件的改进则充分减小了处理响应信号的时间。为提高测量的效率，控制软件必须实现测量过程的自适应。

减少测点的数目是提高测量效率的有效途径。高密度的测点可以得到较高的测量精度，但也应该看到，并不是每种应用都需要很高精度的测点，另外，测点过多还会产生冗余。

测量过程对于工件后续处理加工而言，实际上提供了一系列离散点，由这些离散测点生成曲面，最终形成数控加工数据，使测点的形成与后续加工进行有效衔接。测点的形成过程可分为面向 CAD 过程的自适应测量和面向 CAM（加工过程）的自适应测量。

1）面向 CAD 过程的自适应测量。通常，测量的数据经过曲面拟合形成 CAD 模型，进而产生 CAM 数控加工数据。这和常规的接触式加工 CAD/CAM 过程相同。当然，在进行 CAM 之前，还要考虑加工过程的工艺参数，即 CAE 过程。由于现在的曲面 CAD 软件功能非常强大、实用性也较强，则测量部分可以面向 CAD，只需考虑快速的提供足够精度的测量数据，还包括对测量头进行的精确补偿。

2）面向 CAM（加工过程）的自适应测量。由于数控加工不仅要求知道加工点的位置，还要求知道其姿态。因此，完整的加工数据是离散位置数据及其法向量数据。在测量过程中可以考虑使用能够形成加工数据的信息，从而绕过曲面拟合的 CAD 过程。这种测量方式就是面向 CAM（加工过程）的自适应测量过程。与面向 CAD 测量过程相比，面向 CAM 的自适应测量把后续的 CAD 处理工作转移到测量过程中，因此要求在测量过程中提供更多的信息。测量过程获得的信息，也要和加工工艺参数相结合，形成加工专家系统。在实现加工专家系统时，可以考虑利用面向对象的概念，实现几何参数和加工信息的集成。

无论采用哪种测量方法，测量结果都是离散的测量数据，面向 CAM（加工过程）的自适应测量是基于面向 CAD 的自适应测量的，但前者比后者获得了更多的面型信息。面向 CAM 的测量结果要有相应的后续处理。由于测量的结果是单点位置数据，数据和加工轨迹数据之间往往没有明确的数学关系，因此中间的 CAD/CAM 建模过程比较困难，但采用神经网络的方案比较可行。面向 CAD 的测量方法提供了自适应测量的两个层次：一维自适应和二维自适应。一维自适应以识别线型为目标，三维自适应是二维自适应测量的拓展。从应用来看，以识别线型为目标的一维和二维自适应测量的实现，主要是基于数值的方法，如数学建模等。以识别曲面为目标的自适应测量可以称为三维自适应，如面向加工过程的自适应测量，其效率为最高。

面向 CAM 的自适应测量过程流程如图 7-27 所示。在面向 CAM 的自适应测量过程中，除了在预测点上进行实测，还在其周围测量了 3 个点。由这 3 个点形成一个小平面，小平面的法线作为该点的法线，该点位置及其法线存储起来，在后续加工数据生成时被利用，作为训练网络的训练集。实测的点也可以直接在面向 CAD 的测量后处理利用。

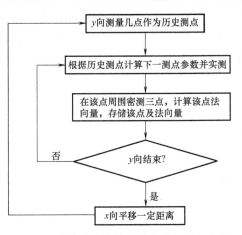

图 7-27　面向 CAM 的自适应测量过程流程

自适应测量实际上是一个预测过程的实现。对曲线曲面的预测，主要依据惯性原理，通过研究过去与现在的测量数据，求出其变化趋势，并以趋势外延来推测其未来状态。时间序列分析、曲线拟合外推等均属于这种方法。但由于时间序列需要定阶分析等，比较麻烦，下面主要介绍曲线拟合外推的方法在自适应测量中的应用。

根据预测采用的数学方法，预测可分为线性预测和非线性预测两种。时序分析常用于线性预测，神经网络常用于非线性预测。

1. 一维自适应

（1）线性插值自适应测量　一维自适应是指测量头沿着某个方向测量，根据测得的历史数据预测曲面的变化趋势，选用合适的移动步长，测得下一点。测量头沿着直线移动到头后，沿直线垂直方向移动固定的步距，重新进行一维自适应测量。

在一维自适应测量过程中，当曲面的曲率半径变化不大时，测量头可以始终沿-z 方向进行。具体讲，测量头测量方向与测点法线方向夹角小于 45°时，测量头一般不会在工件表面滑动。对于曲率变化较大的曲面，测头测量方向应适应于曲率变化，自适应控制系统通过轴的转动和摆动完成测头姿态的调整。在这种情况下，当预测下一测点时，不仅要预测出测点的几何位置，还要给出该点的法线方向。因此自适应测量关键在于两个参数：测量开始位置和测点法向量。再进一步，进行测量步长的自适应控制。

对一维情况，自适应测量问题的数学描述为：对于函数 $f(x)$，$x \in [a, b]$，已知点集 $\{x_i, z_i\}$，$i = 0, 1, \cdots, k$，$a \leqslant x_0 \leqslant x_1 \leqslant \cdots \leqslant x_k \leqslant b$，它以一定精度 η 位于函数 $f(x)$ 上。给

定误差 ε，求点集 $\{x_i,\ z_i\}$，$j=k$，$k+1$，$k+2$，$\cdots$，$k+m$，$a\leqslant x_k\leqslant x_{k+1}\leqslant\cdots\leqslant x_{k+m}\leqslant b$。在 m 足够小的情况下，这些点集的曲线函数 $F(x)$ 满足 $|F(x)-f(x)|_p$。

从上面描述来看，自适应测量实际上就是由已知测点求取未知测点。具体来说，$f(x)$ 对应于待测量的曲线，$(x_j,\ z_j)$ 是实测值，$f(x_i)$ 是真实值，$|x_{k+1}-x_k|$ 是 x 轴方向的测量步长。在满足逼近精度 ε 的前提下，测量点数 m 应尽量少，可有效提高测量速度。

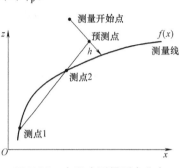

图 7-28　自适应测量测点分布

自适应测量可以利用插值预测的方法实现。假设已经得到了两个测点 $(x_{k-1},\ F(x_{k-1}))$，$(x_k,\ F(x_k))$。现在进行第 $k+1$ 步测量，其测量步长记为 $s_k=x_{k+1}-x_k$，测量头预测点高度为 h。测点分布如图 7-28 所示。测点 $(x_{k-1},\ F(x_{k-1}))$ 和 $(x_k,\ F(x_k))$ 的插值预测点的值为

$$F(x)=\frac{F(x_{k-1})x_k-F(x_k)x_{k-1}}{x_k-x_{k-1}}+\frac{F(x_k)-F(x_{k-1})}{x_k-x_{k-1}}x \tag{7-4}$$

由式（7-4）和设定的误差 Δ，给定以下参数。

测量位移：$x_{k+1}=x_k+s_k$。

预测点坐标：$(x_{k+1},\ F(x_{k+1}))$。

法线方向斜率：$-1/F'(x)$，其中，$F'(x)=\tan\alpha_k$，α_k 为与 x 轴正向夹角。

测量开始点坐标：$(x_{k+1}-h\sin\alpha_k,\ F(x_{k+1})+h\cos\alpha_k)$。

可以依据预测值和实测值的误差，以及给定的误差 Δ 比较后决定下一测点的步长 s。也可以用倾角变化量 $\delta=\alpha_k-\alpha_{k-1}$ 来决定第 $k+1$ 点的测量步长 s_k，其中测点 $(x_{k-1},\ F(x_{k-1}))$ 和 $(x_k,\ F(x_k))$、$(x_{k-2},\ F(x_{k-2}))$ 和 $(x_{k-1},\ F(x_{k-1}))$ 线性插值函数的倾角分别为 α_k 和 α_{k-1}。如果 $\delta<\Delta$，则使 $x_{k+1}=x_k+2s_k$ 继续向前测量，如果 $\delta>\Delta$，则使 $x_{k+1}=x_k-0.5s_k$，返回测量一点。即采用试凑和加速步长法，如此循环。

如上测量步长依据误差动态调整的过程相当于一种无约束动态优化问题，即：优化目标为保持倾角变化量 δ 恒定，最优值记为 C，设计（调整）变量为移动步长 s，表达式为

$$\delta=\min\{f(s)-C\} \tag{7-5}$$

由于移动步长 s 和 δ 间的函数关系 f 不易得到，因此 s 是用优化的方法得到的。

（2）样条插值自适应测量　插值函数也可以采用二次或三次曲线。二次插值即抛物线插值，它根据最近记录的 3 个历史测点，确定一条唯一的抛物线，根据该抛物线进行外推来预测下一个测点的参数。三次样条插值函数在各个测点之间具有一、二阶导数，更符合实际情况，同时，需要利用第 4 点来预测下一点，下面介绍一下这种方法。

已知测点 $P_0(x_0,f(x_0))$，$P_1(x_1,f(x_1))$，$P_2(x_2,f(x_2))$，$P_3(x_3,f(x_3))$，各点间用三次曲线插值。为简化计算，各段的间隔规范在 $[0,\ 1]$ 之上。则三段插值函数为

$$Q_1=a_1x^3+b_1x^2+c_1x+d_1 \qquad 0\leqslant x\leqslant1 \tag{7-6}$$

$$Q_2=a_2x^3+b_2x^2+c_2x+d_2 \qquad 0\leqslant x\leqslant1 \tag{7-7}$$

$$Q_3=a_3x^3+b_3x^2+c_3x+d_3 \qquad 0\leqslant x\leqslant1 \tag{7-8}$$

式（7-6）~式（7-8）共有 12 个未知数。根据约束条件，函数在端点处的值等于端点值，则有

$$Q_1(0)=d_1=f(x_0) \tag{7-9}$$

$$Q_1(1)=a_1+b_1+c_1+d_1=f(x_1) \qquad 0 \leqslant x \leqslant 1 \tag{7-10}$$

$$Q_2(0)=d_2=f(x_1) \qquad 0 \leqslant x \leqslant 1 \tag{7-11}$$

$$Q_2(1)=a_2+b_2+c_2+d_2=f(x_2) \qquad 0 \leqslant x \leqslant 1 \tag{7-12}$$

$$Q_3(0)=d_3=f(x_2) \qquad 0 \leqslant x \leqslant 1 \tag{7-13}$$

$$Q_3(1)=a_3+b_3+c_3+d_3=f(x_3) \qquad 0 \leqslant x \leqslant 1 \tag{7-14}$$

又有函数在端点两侧的一、二阶导数分别相等，则有

$$3a_1+2b_1+c_1=c_2 \tag{7-15}$$

$$3a_2+2b_2+c_2=c_3 \tag{7-16}$$

$$6a_1+2b_1=2b_2 \tag{7-17}$$

$$6a_2+2b_2=2b_3 \tag{7-18}$$

这样，式（7-9）~式（7-18）共有 10 个方程，但有 12 个未知数，因此需要补充约束条件。令端点的三阶导数也相等，这种约束条件称为非扭结（Not-A-Knot）条件，即

$$a_1=a_2 \tag{7-19}$$

$$a_2=a_3 \tag{7-20}$$

这样由式（7-9）~（7-20）可以求解得到三次样条插值函数式（7-6）~（7-8）的系数。根据插值函数，可以进一步预测下一测点的参数。预测步骤和线性插值一样。

为了后续加工时利用神经网络的方法，根据前面的叙述，无论线性插值预测或样条插值预测，在预测并实测点后，在实测点附近以相同的姿态重测 3 点，做小平面后以求解得到实测点的法线。该法线和实测该点时预测的法线不同，它更加真实。附加测量的 3 点和求解得到的法线存储起来，供神经网络使用。线性插值通过 2 点预测下一测点，抛物线插值以 3 点预测下一测点，2 点可唯一确定一条直线，3 点可唯一确定一条抛物线，这两种方法适合任意曲线的预测。三次样条则以 4 点预测下一测点（分段三次多项式，2 点确定一个三次多项式），并且要求至少 $f(x) \in C^3(a, b)$，这种情况适合于曲线比较光滑的情况。无论上面哪种方法，都是以间接方式保证 $|F(x)-f(x)|_p$，即或者通过保证测点的预测值和实测值之差小于规定值，或者通过保证历史测点间线性插值直线间的相对倾角变化小于规定值。

2. 二维自适应

二维自适应测量不仅在 x 方向上进行自适应，在 y 方向上也进行自适应。如图 7-29 所示，基本测量过程如下：在 x 方向进行一次测量后，沿 y 方向平移一个步距，在此 x 方向上，先预测几个点，如果这些点的测量值和对应前面 x 向的测点相同，表明此 x 方向的变化

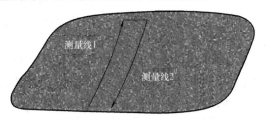

图 7-29　二维自适应测量示意图

和前面一致，因此只需重复前面 x 向的测量点，如果不相同，再进行重新测量。这样，就大大减少测点数目，提高了测量速度。

3. 自适应测量的实现

以线性插值为例实现自适应测量。由于在测量中还要实现面向 CAM 加工集成过程，因此，要对下面 2 个问题展开介绍：①密测点的分布与测量过程；②密测三角形的参数计算。

（1）密测点的分布与测量过程　自适应测量沿一个方向进行，称该方向与曲面的交线

为测量线。在实测的过程中进行的预测都是针对该线进行的，因此，实测的点在其上方（测量线的外法线方向上）对应有一个预测点。实测点坐标值得到以后，为得到该点处小平面的法线，需要在该点周围密测，利用密测点形成小平面。采用三角平面，把实测的点作为三角形的一个顶点，因此只需另外再测量两个点。简单起见，沿测量方向移动一个小距离得到一点，在该点左右一定小距离处实测两点，作为密测点。密测两点时也需要有一定的姿态，

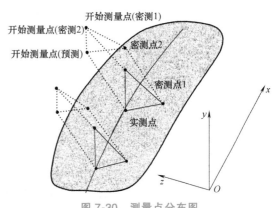

图 7-30　测量点分布图

由于离实测点距离很近，密测点利用实测点的姿态进行。这样，在实测点和密测点的上方，对应开始测量点形成的三角形平面和预测线平行。测量点分布图如图 7-30 所示。

（2）密测三角形的参数计算　在得到测量点和密测点之后，就可以对该三角小平面的法向量进行计算。由于计算的法向量是被后续加工利用，它只是测量过程的一个衍生量，它的值对后续测点的预测无关，因此计算法向量的工作不需要在测量过程中进行，那样只会影响占用 CPU 的时间，影响测量速度。测量过程中只需进行预测计算，测量后进行实测点和密测点的记录，并形成数据库。测量完成之后，利用实测点和密测点数据库对实测点处的法向量进行离线计算。实测点和对应的密测点的位置如图 7-31 所示，它们组成一个空间平面，且近似和实测曲面相切。

在智能测量过程中，由五维机器人控制测量机的空间运动过程，五维机器人的基础坐标系和腕部结构如图 7-32 所示。

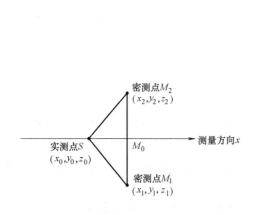

图 7-31　实测点与对应的密测点的位置

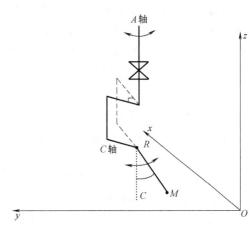

图 7-32　五维机器人的基础坐标系和腕部结构

C 轴摆动中心 R 即表示机器人的位置，机器人作业点为 M 位于工件上，则 RM 为工具（测量头）的长度，测量头指向为 RM。设定从 M 到 R 的方向为工件作业点的法线方向，是机器人的姿位，并用该法向量表示。这样工件的姿位描述为：(x, y, z, A_x, A_y, A_z)。通过五维机器人的运动学分析可知，实测点和密测点组成的三角形平面的方向数 (M, N, Q) 和法向量 (A_x, A_y, A_z) 为

$$M = (y_1-y_0)(z_2-z_0)-(z_1-z_0)(y_2-y_0)$$
$$N = (z_1-z_0)(x_2-x_0)-(x_1-x_0)(z_2-z_0)$$
$$Q = (x_1-x_0)(y_2-y_0)-(y_1-y_0)(x_2-x_0)$$

$$A_x = \frac{M}{\sqrt{M^2+N^2+Q^2}} \quad\quad (7\text{-}21)$$

$$A_y = \frac{N}{\sqrt{M^2+N^2+Q^2}} \quad\quad (7\text{-}22)$$

$$A_z = \frac{Q}{\sqrt{M^2+N^2+Q^2}} \quad\quad (7\text{-}23)$$

这样，每次测量的点 (x_0,y_0,z_0) 组成了一个测量点集，它可以在采用 CAX 方法进行曲面拟合时所利用。根据计算的结果，将实测点位置及其姿态相结合，还组成了另外一个点集 $(x_0,y_0,z_0,A_x,A_y,Z_x)$。当加工点的生成用神经网络方法进行时，这个点集将作为网络的训练集和测试集。

（3）回测点的测量方法　当测量步长大于最大允许误差时，应该返回测一点。返回测量后的点和其前两点一起作为新的初始三点，程序重置，以初始步长继续向前测量。回测点的预测和测量方法如图 7-33 所示。

进行重新测量时，步长在轴向回折一半得到，测点位置移到前两个测点所组成线段 $M_{i-1}M_{i-2}$ 的中点处。重测点测量方向与前一个测点 M_{i-1} 测量方向相同，参照原来的预测线 $M_{i-3}M_{i-2}$ 求得相应的预测点 P_i。实际开始测量点为 R_i，位于法线方向上。这样处理，可以保证返回测量的预测点也

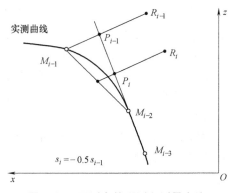

图 7-33　回测点的预测和测量方法

总在实际测量点之上，可避免测量头撞上被测量物体表面。

4. 自适应测量的特点

自适应测量的特点如下。

1）自适应测量采用插值方法，运用优化的原理，可以对任意平滑曲面进行预测和测量。

2）理论上讲，线性插值测量比三次样条插值测量应用范围更为广泛，后者对曲面要求更加严格，且计算时间较长，不太适合于实时测量。

3）测量过程经过密测，可以为加工轨迹的神经网络生成提供训练数据和测试数据，并为测量和加工一体化集成提供支撑。

4）在自适应测量过程中，为了更精确测量，需要沿预测测量线的法线方向进行，以便测量头沿该方向进行测量。加工时需要测量点所形成小平面的法线方向，两个法线方向可能并不一致。

5）在实测点附近进行密测两个点，它们和实测点一起构成三角平面，其法向量作为实测点处的法向量，具有近似性。当三点距离很近时，这种近似可以接受。法向量的近似性和

测量本身的误差将影响神经网络生成加工数据的精度。

6）对面型变化剧烈的曲面进行测量时，测量头的跳起高度大于工件最高点，则可以在避免测量头碰撞工件的情况下实现自动测量。

7）虽然测量工件型面是未知的，但是测量得到的数据被认为是精确的，应用时不需要经过进一步的数据处理。

8）自适应测量应用线性插值时，倾角变化量决定了型面的变化剧烈程度，根据相邻倾角的变化，可以预测任意形状的曲线。

9）测量移动步长和倾角变化量之间的关系需要人为设定，倾角变化量的区间细化，将有助于倾角变化量的基本恒定。

7.4.4　数据的智能化处理

在智能检测系统中，由机器人控制的测量系统在完成工件表面尺寸测量后，可以通过 RS-485C 串行接口将坐标数据传输给上位机。上位机通过对这些坐标数据的分析处理，可以得到待处理加工工件的表面形状，并计算出数控加工模拟运动的坐标轨迹。然后将这些数控加工模拟运动的轨迹数据通过 RS-485C 串行接口回传给智能加工控制系统，从而完成工件的表面处理加工。数据处理的内容主要包括以下几个方面。

1）数据预处理。通过对测量数据的预处理，去除测量时的奇异点，为下一步的测量准备好合格的坐标数据。

2）数据拟合。根据测量得到的合格数据，利用 B 样条曲线、曲面拟合函数将工件表面形状拟合出来，并通过仿真系统显示。显示的图形如果与实物相符合，则说明测量得到的坐标数据符合要求，可以继续进行数据分析。

3）智能加工运动轨迹计算。根据数控加工工艺要求和相应的坐标尺寸，计算出数控加工运动轨迹坐标。根据测量得到三维坐标数据，并利用相应的数学处理方法处理数据，常采用的数学处理方法有人工智能神经网络技术和坐标变换等。

4）误差分析。数据处理过程中不可避免地存在误差，有测量误差、数据分析处理误差等，这些误差大小不等，对加工精度的影响也不尽相同。为了提高加工精度，需对误差的来源、计算方法、控制方法等进行分析以得出有用的结论从而指导加工。

7.4.5　测量数据智能处理方法

1. 数据预处理

整个数据预处理过程分两步进行。①测量过程中，依据测量数据实时拟合出工件曲线或曲面。如果发现拟合的曲线或曲面与实物形状不符，或者有较大的区别，则进行人为干预测量。②在测量过程中，设定一个极限参数，相邻两点（x，y 双向）之间的数据如果超过此极限数值时，则视为异常数据。对异常数据测量点需进行重新测量。

具体而言，数据预处理应包括下列内容：①将采集到的数据转换成控制系统所要求的格式；②进行测量头半径补偿，及测量系统误差补偿等；③异常点剔除，去除明显有错误或偏差过大的点。

2. 数据拟合

数据拟合是根据测量得到的被测件表面上的点，绘制出光滑的不规则曲线或曲面，这一系列点称为型值点。

常用的画曲线的方法有两种，一种是插值法，即通过给定的型值点数据画出曲线；另一种是拟合法，这时绘制的曲线不会严格地通过型值点，而是以一定的规律靠近型值点。绘制曲面时，把曲线的算法推广，将一元样条函数曲线拓展为二元样条函数曲面，即用一个函数式来表达一个曲面，从而实现空间曲面的插值与逼近。

在型值点拟合过程中，经常采用贝塞尔（Besier）曲线、曲面拟合法，以及 B 样条曲线、曲面拟合法。B 样条曲线、曲面拟合法是在贝塞尔方法的基础上拓展和发展起来的，它不仅保持了贝塞尔方法的优点，而且在局部性、逼近精度等方面均比贝塞尔方法有了很大的改进。因此，B 样条方法在几何设计、曲面构造等方面应用很广。

（1）B 样条曲线　B 样条曲线的基函数为 B 样条基函数 $F_{l,n}(t)$，定义 $F_{l,n}(t)$ 的函数式为

$$F_{l,n}(t) = \frac{1}{n!} \sum_{j=0}^{n-l} (-1)^j C_{n+1}^j (t+n-l-j)^n \tag{7-24}$$

式中，$0 \leq t \leq 1$，$l=0, 1, \cdots, n$。

给定 $m+n+1$ 个型值点，用向量 $\boldsymbol{Q}_i$ 表示（$i=0, 1, \cdots, m+n$），称 n 次参数曲线

$$\boldsymbol{P}_{i,n}(t) = \sum_{i=0}^{n} \boldsymbol{Q}_{i+l} F_{l,n}(t) \qquad i=0,1,\cdots,m+n \tag{7-25}$$

为 n 次 B 样条的第 i 曲线。这样一共有 $m+n+1$ 段 B 样条曲线，把相邻的 $\boldsymbol{Q}_{i+1}$ 和 $\boldsymbol{Q}_{i+l+1}$（$l=0, 1, \cdots, n-1$）用直线段一一连接起来，而得到的折线多边形称为第 i 段的 B 特征多边形。由第 i 段的 B 特征多边形决定了第 i 段的 B 样条曲线。因此，B 样条曲线是一段段连接起来的，并保持 $m+1$ 阶连续。

在实际应用中，最常用的是二次 B 样条曲线和三次 B 样条曲线。二次 B 样条曲线运用过程：根据式（7-25），令 $n=2$，则得到二次 B 样条曲线的定义式

$$\boldsymbol{P}_{i,2}(t) = \sum_{i=0}^{2} \boldsymbol{Q}_{i+l} F_{l,2}(t) \qquad 0 \leq t \leq i \tag{7-26}$$

先计算基函数 $F_{l,2}(t)$

$$\begin{cases} l=0 & F_{0,2}(t) = \frac{1}{2}\left[(t+2)^2 - 3(t+1)^2 + 3t^2\right] = \frac{1}{2}(t^2 - 2t + 1) \\ l=1 & F_{1,2}(t) = \frac{1}{2}\left[(t+1)^2 - 3t^2\right] = \frac{1}{2}(-2t^2 + 2t + 1) \\ l=2 & F_{2,2}(t) = \frac{1}{2}t^2 \end{cases} \tag{7-27}$$

式（7-27）代入式（7-26）得到

$$\boldsymbol{P}_{i,2}(t) = \frac{1}{2}(t^2 - 2t + 1)\boldsymbol{Q}_i + \frac{1}{2}(-2t^2 + 2t + 1)\boldsymbol{Q}_{1+i} + \frac{1}{2}t^2\boldsymbol{Q}_{i+2} \tag{7-28}$$

由式（7-28）可得

$$t=0, \quad \boldsymbol{P}_{i,2}(0) = \frac{1}{2}(\boldsymbol{Q}_i + \boldsymbol{Q}_{i+1}) \tag{7-29}$$

$$t=1, P_{i,2}(1)=\frac{1}{2}(Q_{i+1}+Q_{i+2}) \tag{7-30}$$

由式（7-29）和式（7-30）可推出，二次 B 样条曲线的起点在向量 Q_iQ_{i+1} 的中点上，终点在向量 $Q_{i+1}Q_{i+2}$ 的中点上，对式（7-28）求导可得

$$P'_{i,2}(t)=(t-1)Q_i+(-2t+1)Q_{i+1}+tQ_{i+2} \tag{7-31}$$

将 $t=0$，$t=1$ 分别代入式（7-31）得

$$P'_{i,2}(0)=Q_{i+1}-Q_i \qquad P'_{i,2}(1)=Q_{i+2}-Q_{i+1} \tag{7-32}$$

这表示二次 B 样条曲线起点的切向量为 Q_iQ_{i+1}，终点的切向量为 $Q_{i+1}Q_{i+2}$，亦即曲线在起点处的切线为 Q_iQ_{i+1}，曲线在终点处的切线为 $Q_{i+1}Q_{i+2}$。

由式（7-32）可知，第 i 段 B 样条曲线的起点的切向量为

$$P_{i,2}(0)=Q_{i+1}-Q_i$$

第 $i-1$ 段 B 样条曲线的终点的切向量为

$$P'_{i-1,2}(1)=Q_{i+1}-Q_i$$

由式（7-29）可知，第 i 段 B 样条曲线的起点坐标向量为

$$P_{i,2}(0)=\frac{1}{2}(Q_i+Q_{i+1})$$

第 $i-1$ 段 B 样条曲线的终点坐标向量为

$$P_{i-1,2}(1)=\frac{1}{2}(Q_i+Q_{i+1})$$

对上述公式进行比较，可以得到

$$P'_{i,2}(0)=P'_{i-1,2}(1)$$
$$P_{i-1,2}(0)=P_{i-1,2}(1)$$

因此，二次 B 样条曲线是一组各段之间连续且具有一阶连续导数的二次曲线段。

为了计算机计算方便，将向量 Q_i 在 xOy 平面进行分解，得到二次 B 样条曲线的分量矩阵表示形式为

$$x_{i,2}(t)=(t^2 \quad t \quad 1)\frac{1}{2}\begin{pmatrix} 1 & -2 & 1 \\ -2 & 2 & 0 \\ 1 & 1 & 0 \end{pmatrix}\begin{pmatrix} x_i \\ x_{i+1} \\ x_{i+2} \end{pmatrix}$$

$$y_{i,2}(t)=(t^2 \quad t \quad 1)\frac{1}{2}\begin{pmatrix} 1 & -2 & 1 \\ -2 & 2 & 0 \\ 1 & 1 & 0 \end{pmatrix}\begin{pmatrix} y_i \\ y_{i+1} \\ y_{i+2} \end{pmatrix}$$

展开后，按 t 的升幂书写，得到二次 B 样条曲线的参数式为

$$x_{i,2}(t)=A_0+A_1t+A_2t^2 \qquad 0<t<1$$
$$y_{i,2}(t)=B_0+B_1t+B_2t^2 \qquad 0<t<1$$

式中，$A_0=\dfrac{x_i+x_{i+1}}{2}$ 　　$B_0=\dfrac{y_i+y_{i+1}}{2}$

$$A_1=x_{i+1}-x_i \qquad B_1=y_{i+1}-y_i$$
$$A_2=\frac{x_i-2x_{i+1}+x_{i+2}}{2} \qquad B_2=\frac{y_i-2y_{i+1}+y_{i+2}}{2}$$

（2）B 样条曲面 B 样条曲面的定义如下：给定 $(m+1)\times(n+1)$ 个空间点，用向量 $\boldsymbol{Q}_{ij}$ 表示（$i=0, 1, \cdots, n, j=0, 1, \cdots, m$），称 $m\times n$ 次参数曲面

$$\boldsymbol{P}(u,v)=\sum_{i=0}^{n}\sum_{j=0}^{m}F_{i,n}(u)F_{j,m}(v)\boldsymbol{Q}_{ij} \qquad 0\leqslant u,v\leqslant 1 \qquad (7\text{-}33)$$

为定义在单位区域上的 $m\times n$ 次 B 样条曲面。其中，$F_{i,n}(u)$、$F_{j,m}(v)$ 为样条基函数，具体表达式为

$$F_{i,n}(u)=\frac{1}{n!}\sum_{k=0}^{n-i}(-1)^{k}C_{n+1}^{k}(u+n-i-k)^{n} \qquad 0\leqslant u\leqslant 1 \qquad (7\text{-}34)$$

$$F_{j,m}(v)=\frac{1}{m!}\sum_{k=0}^{m-j}(-1)^{k}C_{m+1}^{k}(v+m-j-k)^{m} \qquad (7\text{-}35)$$

用一系列直线连接相邻的 $\boldsymbol{Q}_{ij}$ 得到的空间网格称为 B 样条曲面特征网，简称为 B 特征网格。

将 $n=2$，$m=2$ 代入式（7-34）和式（7-35），得到双二次 B 样条曲面，根据定义，需给定 $(n+1)\times(m+1)=3\times3=9$ 个空间点。由式（7-34）、式（7-35）得到

$$F_{0,2}(u)=\frac{u^{2}-2u+1}{2} \qquad F_{0,2}(v)=\frac{v^{2}-2v+1}{2}$$

$$F_{1,2}(u)=\frac{-2u^{2}+2u+1}{2} \qquad F_{1,2}(v)=\frac{-2v^{2}+2v+1}{2}$$

$$F_{2,2}(u)=\frac{u^{2}}{2} \qquad F_{2,2}(v)=\frac{v^{2}}{2}$$

代入式（7-33），得到双二次 B 样条曲面的矩阵表示式为

$\boldsymbol{P}(u,v)=\boldsymbol{u}\boldsymbol{R}_{2}\boldsymbol{Q}\boldsymbol{R}_{2}^{\mathrm{T}}\boldsymbol{v}^{\mathrm{T}}$ 式中，$\boldsymbol{u}=(u^{2}\ \ u\ \ 1)$ $\qquad \boldsymbol{v}=(v^{2}\ \ v\ \ 1)$

$$\boldsymbol{R}_{2}=\begin{pmatrix} 0.5 & -1 & 0.5 \\ -1 & 1 & 0 \\ 0.5 & 0.5 & 0 \end{pmatrix} \qquad \boldsymbol{Q}=\begin{pmatrix} Q_{00} & Q_{01} & Q_{02} \\ Q_{10} & Q_{11} & Q_{12} \\ Q_{20} & Q_{21} & Q_{22} \end{pmatrix} \qquad \boldsymbol{R}_{2}^{\mathrm{T}}=\begin{pmatrix} 0.5 & -1 & 0.5 \\ -1 & 1 & 0.5 \\ 0.5 & 0 & 0 \end{pmatrix}$$

根据计算可得到

$$\boldsymbol{P}(0,0)=\frac{1}{4}(Q_{00}+Q_{01}+Q_{10}+Q_{11})$$

$$\boldsymbol{P}(0,1)=\frac{1}{4}(Q_{01}+Q_{02}+Q_{11}+Q_{12})$$

$$\boldsymbol{P}(1,0)=\frac{1}{4}(Q_{10}+Q_{01}+Q_{20}+Q_{21})$$

$$\boldsymbol{P}(1,1)=\frac{1}{4}(Q_{11}+Q_{12}+Q_{21}+Q_{22})$$

$\boldsymbol{P}(0, 0)$、$\boldsymbol{P}(0, 1)$、$\boldsymbol{P}(1, 0)$、$\boldsymbol{P}(1, 1)$ 即为双二次 B 样条曲面的 4 个角点，不在给定的特征网格点的位置上，即角点坐标值不具有插值性；并且还可以看出：每个角点的位置仅与 $\boldsymbol{Q}$ 中的 4 个元素有关，而与其余的 5 个元素无关。每个角点的一阶偏导向量也仅与上述的 4 个元素有关，而与其余的 5 个元素无关。由此可知，双二次 B 样条曲面相拼接时，在公共边界上能自动达到一阶连续。

在实际编程中，用分量形式表示如下

$$P_x = uR_2Q_xR_2{}^\mathrm{T}v^\mathrm{T}$$
$$P_y = uR_2Q_yR_2{}^\mathrm{T}v^\mathrm{T}$$
$$P_z = uR_2Q_zR_2{}^\mathrm{T}v^\mathrm{T}$$

根据 B 样条理论，用 C 语言编制程序，以测量坐标数据为型值点，拟合出 B 样条曲线（当测量数据只有一个扫描测量线）或曲面方程，并显示相应的曲线曲面图。

7.4.6　检测数据智能转换过程

测量系统所得到的工件测量数据是 3 个坐标参数，而加工过程一般为五坐标数控加工，为实现工件空间位置的控制，需要进一步讨论根据测量数据生成平面方程的方法。

在智能加工过程中，机器人每执行一个动作，就能处理工件上的一个小正方形，即用小正方形逼近曲面来实现加工。在加工之前，根据待加工工件的材质、数控加工参数和加工精度等参数确定小正方形尺寸，接着求出小正方形平面方程的方向数 A、B、C 就可求出平面的法线方程，小正方形中心的法线方程即为机器人加工头中心的直线方程。在机器人加工头到平面的距离确定后，就可计算机器人加工头的坐标，从而完成从三维数据计算生成五维加工数据的过程。

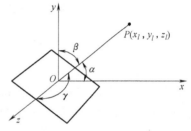

图 7-34　直角坐标下的平面

设平面法线与 x、y、z 三坐标轴夹角，即方向角分别为 α、β、γ，方向余弦用 λ、μ、δ 来表示，机器人加工头到平面的距离用 l 表示，如图 7-34 所示，则有

$$\lambda = \cos\alpha = \frac{A}{\sqrt{A^2+B^2+C^2}} \qquad \mu = \cos\beta = \frac{B}{\sqrt{A^2+B^2+C^2}} \qquad \delta = \cos\gamma = \frac{C}{\sqrt{A^2+B^2+C^2}} \qquad (7\text{-}36)$$

且 $\lambda^2+\mu^2+\delta^2=1$，中心坐标为 (x_0, y_0, z_0)，距离为 l，则坐标增值为

$$\Delta x = l\cos\alpha \qquad \Delta y = l\cos\beta \qquad \Delta z = l\cos\gamma \qquad (7\text{-}37)$$
$$x_l = x_0+\Delta x \qquad y_l = y_0+\Delta y \qquad z_l = z_0+\Delta z \qquad (7\text{-}38)$$

相应地，所求加工头的三维坐标点为 (x_l, y_l, z_l)。

式（7-38）中的 (x_0, y_0, z_0) 为平面的中心坐标。该平面为一正方形，则

$$x_0 = \frac{1}{4}(x_1+x_2+x_3+x_4)$$

$$y_0 = \frac{1}{4}(y_1+y_2+y_3+y_4)$$

$$z_0 = \frac{1}{4}(z_1+z_2+z_3+z_4)$$

该平面三维直角坐标求出后，需要求出二维旋转坐标 A、C 以满足机器人加工的要求。为此需要进行坐标变换与数据分析处理，从而将直角坐标系转换为球坐标系。该坐标的球心与直角坐标系原点重合，如图 7-35 所示。r，φ，θ 为球坐标参数，它与 $Oxyz$ 直角坐标系的换算公式为

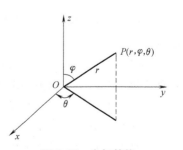

图 7-35　坐标转换

$$x = r\sin\varphi\cos\theta$$
$$y = r\sin\varphi\sin\theta$$
$$z = r\cos\varphi$$
$$r = \sqrt{x^2 + y^2 + z^2}$$
$$\varphi = \arccos\frac{z}{r}$$
$$\theta = \arccos\frac{x}{\sqrt{x^2 + y^2}} \tag{7-39}$$

与式（7-36）~式（7-38）比较，则有：$l=r$，$\varphi=\gamma$，$x=\Delta x$，$y=\Delta y$，$z=\Delta z$，得

$$\theta = \arccos\frac{\Delta x}{\sqrt{\Delta x^2 + \Delta y^2}}$$

这时控制机器人的旋转坐标为：$A=\varphi$ $C=\theta$。

至此，三坐标测量数据成功转换成五维机器人加工头运动参数。

7.4.7 专家数据库在机测量系统

专家数据库在机测量系统，能够改善工件质量以及提高测试工作的可靠性和经济性。智能制造在机测量系统以其精密的机械结构和可靠的数据传输能力而满足检测与加工一体化集成的需求。专家数据库解决方案包括机器人控制工件测头、接触式机内对刀仪、非接触式机内对刀仪、通用测量宏程序、用户定制测量宏程序、图形界面测量软件、三维测量软件等，以及系统安装、培训、维护等。

（1）专家数据库解决方案

1）测头系统应用：高效精确找准中心位置、工件加工实时在机测量、加工质量统计分析，如图7-36和图7-37所示。

图 7-36　找准中心位置

图 7-37　加工实时在机测量

2）对刀仪应用：刀具长度与直径测量、刀具磨损监控、刀具参数自动更新，如图7-38所示。

3）在机测量软件应用：进行三维特征的测量、复杂几何公差的评价、兼容 MMS 测量管理系统，数据显示如图7-39所示。

模块化的无线电测头系统 RWP20.41 适用于大型数控机床，其触发力可调的结构支持复杂的测量任务，如深腔或高振动环境下的测量。图7-40所示为无线电测头 RWP38.41，其紧凑型的模块化测量头可以任意调节测针触发力，适用于小尺寸刀具的机床或 z 轴行程受

限的数控机床。图 7-41 所示为无线电对刀仪 RWT35. 50，其设计紧凑，便于移动，具有专利保护的三点定位设计，可根据需要安装在机床工作台的任意位置，此外，也可手动完成快速的重复安装定位或移除，如图 7-42 所示为快速对刀。

图 7-38　刀具磨损检验

图 7-39　数据显示

图 7-40　无线电测头 RWP38. 41

图 7-41　无线电对刀仪 RWT35. 50

图 7-42　快速对刀

在机测量软件分为宏程序和 PC 端软件，宏程序仅适合在机床端进行运行，并可显示测量结果；PC 端软件，能够在计算机上运行，将测量程序传至机床后进行测量，结果可在 PC 端生成报告。该测量软件使用简单高效、功能强大。

（2）专家数据库在模具设计加工中的应用

1）模具设计，专家数据库的专业设计功能可提供冲压模具或注塑模具等完整的模具行业专用的 3D 设计解决方案，设计解决方案拥有 3D 塑模和冲模设计的完整设计流程，配合塑胶模流分析及钣金成形分析等辅助功能模块，使整个设计流程更专业、更精准。此外，快速便捷的动态模拟、干涉检查、自动出 BOM（Bill of Material）表、自动拆图与注解等特色功能能够帮助设计者进行全方位的分析、评估和优化。最终可缩短模具开发和设计的周期，提高整个模具制造的品质。图 7-43 所示为模具示意图。

图 7-43　模具示意图

2）模具加工，能够应用于从小曲面到大型复杂模具，从线切割到五轴联动加工的数控编程的注塑模、冲压模等模具加工之中。其应用不仅可以辅助实现大型的覆盖件、模架等对材料和表面加工质量要求特别高的模具的高效加工，还能使机械和通信行业精密模具的加工制造更易完成。图 7-44 所示为精密模具加工。

（3）智能加工　智能加工可使产品加工过程实现智能、自动、高效，产品加工应用涵盖车铣复合、高速切削、功能定制等各类高端应用，如图 7-45 所示为智能加工。

图 7-44　精密模具加工

1）采用实体特征加工的方式生成刀路，有效利用实体模型中的几何参数和工艺信息，使编程过程简单、直观。

2）车铣复合加工，四或五轴联动加工高质量、高效率，加工方式多样。

3）自动识别 3D 实体模型的加工特征和数据，自动生成刀路，减少离线编程时间。

4）实行策略管理，有效减少编程错误，实现编程的一致性和自动化。

5）结合设备和刀具特点生成高效的刀具路径，大幅度缩短实际加工时间、延长刀具寿命、降低硬件损耗率。

图 7-45　智能加工

加工数据库系统构造好之后，加工过程提出具体的加工条件和要求时，专家数据库系统会直接被调用并产生与之相适应的机器人参数。自动控制和机器人加工动作的信号传递具有串行性，在上位机上实现控制时，应先启动控制系统，然后发送机器人动作指令。

第8章

光学量仪集成测量

8.1 数字式投影仪测量

8.1.1 测量目标

1）了解投影仪的结构及使用方法。

2）学会用投影仪测量小尺寸工件的孔径、孔心距。

3）学会用投影仪测量工件轮廓误差。

8.1.2 仪器结构及工作原理

数显式投影仪（图8-1）能高效率地检测各种形状复杂工件的轮廓和表面形状，如板样、冲压件、凸轮、螺纹、齿轮、成形铣刀、丝锥等各种刀具、工具和工件等。该仪器广泛地应用于机械制造、仪器、仪表、钟表、厂矿等行业的计量室和车间中。其特点：投影屏成像清晰、匀称；产品结构通用性强，使用方便；升降及工作台传动采用进口V形直线导轨，传动轻便；仪器精度高，稳定可靠；仪器带数显控制器或电脑软件控制系统。

图8-1 数显式投影仪

仪器整体结构如图8-2所示，主要由投影箱1、壳体10、工作台14三大部分组成，仪器的成像光学系统包括物镜、反光镜和投影屏（在投影箱里）。仪器的数字显示屏装在投影箱1下部。仪器壳体10除用于支撑投影箱1和工作台14外，仪器的照明系统、电器控制系统、冷却装置和数显装置全在其内部。仪器的工作台14可进行纵向、横向移动和垂向调焦，配备有光栅传感器，可进行较高精度的直角坐标测量。投影屏2可做360°旋转，通过带轮机构带动光电轴角编码器旋转，实现角度计数。投影屏上刻有"米"字线，可作为长度、角度测量的瞄准参考点（线）。

8.1.3 测量内容及方法

测量前应仔细检查各部分位置的正确性，并将被测件清洗干净，选好物镜照明方式，打开照明开关，即可进行测量。

1. 用"标准图样"比较测量

利用预先绘制好的标准放大图与工件影像比较，其差异就是工件的误差，此法是最常用

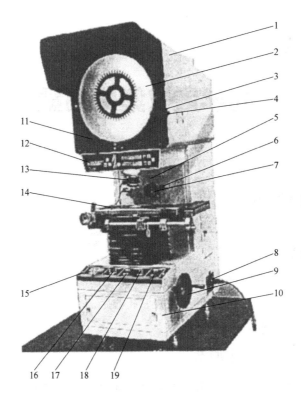

图 8-2　仪器整体结构图

1—投影箱　2—投影屏　3—旋转手轮　4—锁紧手轮　5—反射升降手柄　6—锁紧螺钉　7—反射聚光镜　8—电源插座板
9—工作台升降手轮　10—壳体　11—零位指示板　12—数显箱　13—物镜　14—工作台　15—控制面板　16—电源开关
17—投射照明开关　18—投射照明强弱光转换开关　19—反射照明开关

的，可一次对工件的诸多参数进行综合测量，测量迅速准确，具体方法如下。

1）根据工件的大小和形状复杂程度，选择适当放大倍数的物镜，并按图样参数乘以倍率绘制"标准图样"，然后把"标准图样"用弹性压板固定在投影屏上。

2）把工件置于工作台上，升降工作台，使工件在投影屏上清晰成像。

3）移动工作台并旋转投影屏，或者移动"标准图样"，使投影屏上的工件影像与"标准图样"重合。如有偏差，可用普通玻璃尺直接测量偏差量，也可以利用工作台的纵、横向读数装置进行测量，其偏差值可在数显箱上直接显示出来。

此外还可以在"标准图样"上绘出公差带，这时工件是否合格一目了然。

2. 利用工作台的纵、横向读数系统进行测量

将工件被测尺寸调整到与工作台移动方向平行的方向，移动工作台，使投影屏上的米字线对准工件被测尺寸一端，x 或 y 的值置零。然后移动工作台，使米字线对准工件被测尺寸的另一端，这时 x 或 y 的值即为被测尺寸的实际值。

3. 用普通玻璃尺直接在投影屏上测量尺寸

用普通玻璃尺直接测量工件被放大后的影像尺寸除以所用物镜的放大倍数，得到的值即为工件的实际尺寸。

4. 旋转投影屏测量角度

先松开锁紧手轮 4，旋转投影屏 2 使其上刻线与零位指示板 11 的刻线对齐，此时投影屏上米字线与工作台 x、y 坐标轴相平行。将工件放在工作台上的适当位置，转动投影屏使其上的米字线的一条边与被测角的一边重合，将数显箱的角度清零；然后转动投影屏，移动工作台使米字线与被测角的另一边重合。这时数显箱上的角度显示值即为工件的实际角度，投影屏上刻有 30°、60°、90°刻线，因此这些特殊角可直接比较测量。

8.1.4　测量步骤

1. 工作台的移动

移动纵、横向工作台，则移动量可在数显箱上显示出来。手摇工作台升降手轮 9 可使工作台升降，从而进行粗细调焦。

2. 投影屏的旋转

松开锁紧手轮 4，转动旋转手轮 3 可使投影屏 2 进行 360°的顺（逆）时针旋转，旋转角度可在数显箱上显示出来。

3. 照明灯泡的调整

此项工作只需在更换灯泡或要求定期检查时进行。调整透射照明灯泡时，先旋下物镜，打开右前门，拧下灯座上的锁紧螺钉，进行前、后、左、右灯泡的调整，使灯丝清晰地成像在投影屏中心部位，然后拧紧灯座上的锁紧螺钉。调整反射照明灯泡时，应在物镜上套上相应倍率的半透反光镜。将工件放在工作台上，拧下锁紧螺钉，打开右后门，拧下灯座上的锁紧螺钉，进行前、后、上、下调整的灯泡，同时用反射升降手柄 5 上下移动反射聚光镜 7（高倍时还需转动反射聚光镜 7 上的辅助透镜），直到工件表面清晰地成像在投影屏中心部位，然后锁紧反射聚光镜 7 及灯座上的锁紧螺钉。

4. 物镜的更换

物镜依靠螺纹与投影箱连接，测量时应根据需要选用不同倍率的物镜。

5. 比较测量

按照"标准图样"比较测量，并进行误差评价和分析。

8.2　多功能影像测量仪测量

8.2.1　测量目标

1）了解影像测量仪的工作原理、基本结构及分类。

2）利用 EV3020T 型影像测量仪测量工件。

影像测量仪利用影像测量头来采集工件的影像，利用数字图像处理技术提取各种复杂形状工件表面的坐标点，再利用坐标变换和数据处理技术转换成坐标测量空间中的各种几何要素，从而计算出被测工件的实际尺寸、形状和相互位置关系。

经过近几十年的发展，影像测量仪的应用范围不断扩大，可以对各种复杂的工件轮廓和表面进行精密测量，影像测量仪是一种精密的几何量测量仪器，随着科技的发展，已经成为精密几何量测量最常用的测量仪器之一。目前，影像测量仪可测量电子零配件、精密模具、冲压件、PCB 板、螺纹、齿轮、成形刀具等各类工件，尤其在测量平面工件（如印刷电路板）、易变形、易损坏和尺寸较小的工件（橡胶、软塑料零件和焊脚、微型工件）等方面具有很大优势。影像测量仪已成为高等院校、研究所、计量技术机构的实验室、计量室及生产车间中常用的精密测量仪器。

8.2.2 影像测量仪的分类和基本结构

1. 影像测量仪的分类

影像测量仪有很多种分类方法。影像测量仪可以分为柱式、固定桥式、移动桥式。小量程的测量仪采用柱式结构较多，大量程的测量仪采用桥式的较多。

按照操作方式的不同，影像测量仪可以分为手动式、自动式。手动式结构简单，价格相对较低，通常属于低端机型。手动影像测量仪主要依靠操作人员手动操作来移动工作台，调节测量镜头的放大倍率和聚焦程度，人参与测量会造成实测误差大、随机性高等弊端，在批量测量时尤其明显。自动影像测量仪的自动化程度高于手动影像测量仪，但其结构也更复杂，对设计、制造也都提出了更高的要求。自动影像测量仪采用自动控制技术，尽可能减少人工操作，避免由手工操作差异带来的误差，因此自动影像测量仪的实测精度更高、表现更稳定。自动影像测量仪还有一个明显的优势，就是可以利用计算机编程实现自动批量检测，从而可以极大地提高检测效率。

2. 影像测量仪的基本结构

影像测量仪主要由机械主体、标尺系统、影像探测系统、驱动控制系统和影像测量软件等几大部分组成，如图 8-3 所示为影像仪组成示意图。

（1）机械主体　机械主体是影像测量仪的主体组成部分，由结构主体、导轨和传动机构等构成，有时为了平衡 z 轴的重量还需加入平衡部件。结构主体一般由工作台、立柱或桥框、壳体构成。测量仪的工作台在导轨上运动，导轨一般可采用滚

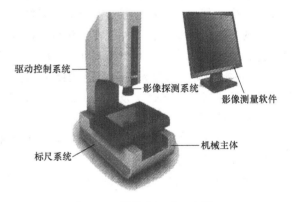

图 8-3　影像仪组成示意图

动导轨、滑动导轨或气浮导轨。传动机构有丝杆、光杆、齿形带、齿轮齿条等不同形式。

（2）标尺系统　标尺系统是决定影像测量仪精度的重要部件。影像测量仪的标尺系统一般采用光栅尺为位移传感器，有的测量仪还带有数显装置。

（3）影像探测系统　影像探测系统是影像测量仪区别于普通坐标测量机的关键部分。该系统安装在机械主体的 z 轴上，利用 z 轴的上下移动来调整高度位置。采集图像数据的好坏会直接影响到影像测量仪的测量精度和重复性，因此影像探测系统的作用不可忽视。

影像探测系统一般由照明装置、镜头、图像传感器和图像采集卡等部分组成。影像测量仪有表面光、轮廓光、同轴光 3 种照明方式。影像测量仪中使用的镜头通常是一个单目的显微镜头，可以通过该镜头调整成像的放大倍率。图像传感器一般采用电荷耦合器件（CCD，Charge Coupled Device）采集图像并将其转化为电子信号，随后传给图像采集卡进行下一步处理。

（4）驱动控制系统　驱动控制系统是联系影像测量仪硬件和软件的纽带，驱动控制系统一般由驱动电动机和一些控制卡板组成，驱动电动机提供动力，控制卡板负责发送控制命令。驱动控制系统的主要功能包括：x、y、z轴的运动控制、x、y、z轴坐标的读取、镜头的变倍控制、光源的开关和亮度的调节，以及影像测量仪状态的实时监控等。

（5）影像测量软件　影像测量软件可以根据输入的工件影像进行各种几何量的测量。不同生产厂家的测量软件开发思路不同，导致其使用流程、功能也各有差异，但这些测量软件一般都有几何量测量、图像处理分析、自动编程控制、机台控制等基本的测量功能，以及更高级的统计分析功能等。此外，测量软件还应该能够输入、输出图样数据，以及输出测量报告。

8.2.3　EV3020T 型影像测量仪

1. EV3020T 型影像测量仪

EV3020T 型影像测量仪是一种柱式结构的影像测量仪，其工作原理为：被测工件置于工作台上，在透射或反射光照射下，工件影像被摄像头拍摄并传送到计算机；此时可使用软件的影像、测量等功能，并配合对工作台的坐标采集，从而完成对工件点、线、面的全方位测量。EV3020T 型影像测量仪的结构如图 8-4 所示。

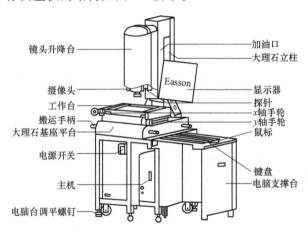

图 8-4　EV3020T 型影像测量仪的结构

2. EV3020T 型影像测量仪的使用方法

（1）工作台的使用　图 8-5 所示为 EV3020T 型影像测量仪工作台示意图。测量时，被测工件置于工作台玻璃上，转动 x、y 轴手轮可移动工作台，调节 x、y 轴手柄可快速移动工作台。测量完成后，将工作台还原，避免灰尘落入导轨。

（2）测量准备工件的流程　利用 EV3020T 型影像测量仪测量准备工件的具体流程如下。

1）将工件置于工作台上。

2）打开 "Easson 2D" 程序。

3）进行 x、y、z 轴尺中定位。

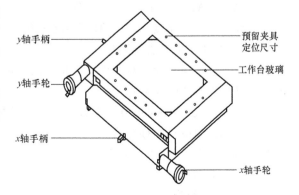

图 8-5　EV3020T 型影像测量仪工作台示意图

4）调节 z 轴，使影像清晰。

5）调节上、下光源亮度。

6）开始测量。

3. EV3020T 型影像测量仪的技术参数

EV3020T 型影像测量仪的技术参数如下：

1）工作台行程（x，y）：300mm×200mm×200mm。

2）分辨率：0.001mm。

3）x、y 轴线性精度：$U=\pm(3+L/200)\ \mu m$。

4）重复精度：±0.002mm。

5）载物台尺寸：460mm×360mm。

6）玻璃台尺寸：340mm×240mm。

7）承载重量：30kg。

8）工件限高：200mm。

9）影像系统：高解析工业彩色摄影机。

10）物镜：TC 系列精密多段放大（缩小）倍率远心镜头，光学放大（缩小）倍率为 0.75~4.5。

11）影像放大倍率：25~155。

12）探针系统：雷尼绍尔 MCP 测量头配有 3 种探针，可任选两件。

13）照明系统：透射光为可调 LED 平行光、反射光为四相可调 LED 环形光。

14）传动方式：光杠传动+双导轨。

15）操作方式：x、y 轴手轮+快移 z 轴电动。

16）主机外形尺寸：690mm×810mm×890mm。

17）整机外形尺寸：1200mm×900mm×1500mm。

18）工作台基座、z 轴立柱：高精度大理石平台。

19）仪器总重：250kg。

20）测量软件：光学视觉测量软件 Easson 2D，自主开发，免费升级。

21）数据输出：测量数据 Word（.doc）、Excel（.xls），物件放大摄像图形（.bmp、.jpg），二维图形 AutoCAD 文件（.dxf），简单 SPC 分析数据 Word（.doc）、Excel（.xls）。

22）数据导入：二维图形 AutoCAD 文件（.dxf）。

23）电源：AC（220±5）V、50Hz。

24）使用环境：温度 20℃±3℃，湿度 35%~65%。

4. Easson 2D 主要功能简介

EV3020T 型影像测量仪对工件测量功能的实现主要靠随机配备的测量软件 Easson 2D 来完成，其测量界面如图 8-6 所示。

（1）基本功能　Easson 2D 具有以下的基本功能：

1）笛卡儿坐标/极坐标转换。

2）绝对/相对/工作坐标转换。

3）公/英制转换。

4）度/分/秒转换。

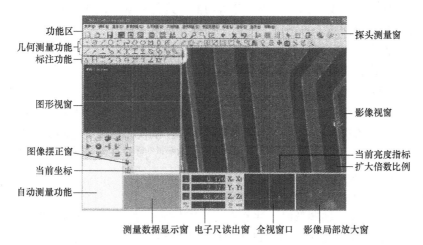

图 8-6　Easson 2D 测量界面

5）点/点群转换。

6）过两点/多点求线。

7）过三点/多点求圆和圆弧。

8）求 B-spline 线。

9）求两点间的距离。

10）求两线间的平均距离。

11）求点线间的距离。

12）求两圆心距离。

13）求圆线距离。

14）求两线间的夹角及交点。

（2）特殊功能

Easson 2D 具有以下特殊功能：

1）可利用软件控制光源。上光源为四相灯，下光源为直光源，可增加机器适应性能。

2）可帮助工件坐标平移、旋转、摆正，因此量测工件无须调节摆正。

3）直接在影像及几何区标注或移动尺寸，具有直线修剪、延伸功能。

4）具有几何区域点、线、圆或圆弧，以及直线端点、中点，圆心、象限点自动捕捉功能。

5）可调节 CCD 参数设定，提高自适应力；具有去除飞边功能，以正确取得测量数据。

6）可利用影像工具快速而自动地抓取基本几何轮廓边界点，直接拟合成线、圆、弧。

7）测量工件放大图像，并进行图形化输出，转成 .bmp、.jpg 文件。

8）测量数据并输出，转成 Word（.doc）、Excel（.xls）文件。

9）统计功能，直接输出图和制程能力指数，转成 Word、Excel 文件。

10）机械图形可直接输出为 .dxf 格式文件；该软件可实现 2D 参数功能设置，与 Auto-CAD、Croe 等其他软件无缝连接。

11）可输入 .dxf 格式文件，与工件实物或测量图形进行比对，并可直接在影像区域得到误差测量值。

12）提供平面内直线度、圆度、角度分析功能，进行有效的品质检验。

13）具有三维测量功能，可测圆、平面、圆柱、圆锥、球。

14）可测位置度、同轴度、径向圆跳动、轴向圆跳动。

15）可进行工作台精度补偿，提高测量精度。

5. 仪器的维护保养

EV3020T 型影像测量仪是光电计算机一体化的精密测量仪器，保持仪器的良好使用状态可以保持仪器原有的精度，并延长仪器的使用寿命。该仪器的维护保养措施如下：

1）仪器应放在清洁干燥的房间里（室温 20℃±5℃，湿度低于 60%）。

2）保持工作台清洁。

3）防止锋利工件刮伤或刮花工作台玻璃。

4）测量工件需要把 z 轴调低时，注意不要让工件顶到镜头，以免影响精度。

5）移动工作台时不可用力过猛，以免撞伤工作台限位块引起精度下降。

6）长时间不用须把工作台移到中间位置，并把 x、y 轴手柄转到约 30°位置。

7）如镜头镜片脏污，须使用专用镜片清洁剂清洗，注意不要使用有机溶剂（如酒精、乙醚等）擦拭，以免溶解镜头的表面镀膜层。

8）用完后注意关闭机身及电源。

9）最后，将 z 轴升到最高，在加油口加注润滑油。

8.2.4 测量步骤

（1）开机准备动作

1）打开仪器电源开关。

2）打开"Easson 2D"程序测量软件界面，如图 8-7 所示，与此同时，设备启动。

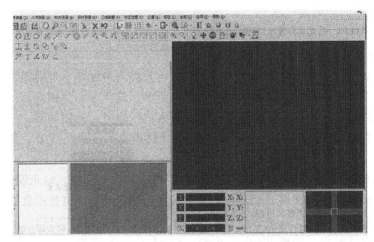

图 8-7 "Easson 2D"程序测量软件界面

（2）仪器初始化

1）x 轴尺中定位：沿 x 轴将工作台移动到最右端，再缓慢向左移动，直到软件提示 x 轴尺中定位结束。

2）y 轴尺中定位：沿 y 轴将工作台移动到最前端，再缓慢向后移动，直到软件提示 y

轴尺中定位结束。

3）z 轴尺中定位：将升降台沿 z 轴方向上升到最顶端，再使其缓慢下降，直到软件提示 z 轴尺中定位结束。

（3）影像校正

1）将影像校正片放在工作台上，调节 z 轴焦距，使软件影像视窗显示清晰，选中"影像校正"命令，如图 8-8 所示。

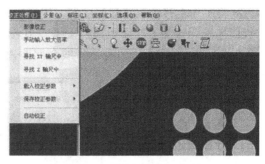

图 8-8　"影像校正"命令

2）根据提示，选定影像视窗的一个圆，将其分别移动到 3 个圆圈标志的附近，按鼠标左键选择，并用鼠标右击结束，完成校正。

（4）放置工件并调焦　调焦使图像最清晰。

（5）测量工件　如图 8-9 所示为工件零件图。完成主视图上尺寸测量。

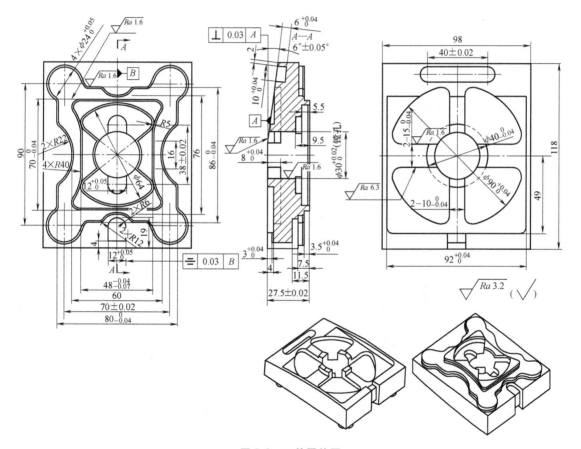

图 8-9　工件零件图

1）直线测量和距离评价。

① 新建文档，如图 8-10 所示。

② 选择"直线或回归直线"命令，如图 8-11 所示。选择键槽一边，选择时在直线边缘选择 2 个或 2 个以上的点，然后单击鼠标右击完成直线测量，并生成直线 1。

③ 将工作台移动至键槽另一端，用同样方法测量并生成直线 2。

④ 选择"计算平行线距离"命令，在图形视窗口中用鼠标单击选择直线 1 和直线 2，得到两平行线之间距离，即键槽宽度，按照理论尺寸要求进行评价。

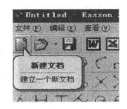

图 8-10　新建文档

2）测量圆，同时进行圆心距评价。

① 选择"圆"命令，如图 8-12 所示，与测量直线方法一样，在工作区域圆的边缘选 3 个或 3 个以上的点，完成圆的测量。

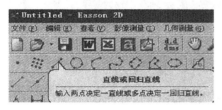

图 8-11　"直线或回归直线"命令

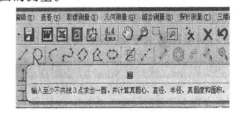

图 8-12　"圆"命令

② 用同样方法测量其他圆。

③ 选择"两圆距离"命令，用鼠标捕捉两个圆，可得到圆心距，按照理论尺寸进行评价。

3）用同样方法完成所要求的其他工件尺寸的测量，形成工件测量报告。

（6）输出报告　在窗口中选择"Excel 报告"命令，即可使软件输出测量报告，如图 8-13 所示。

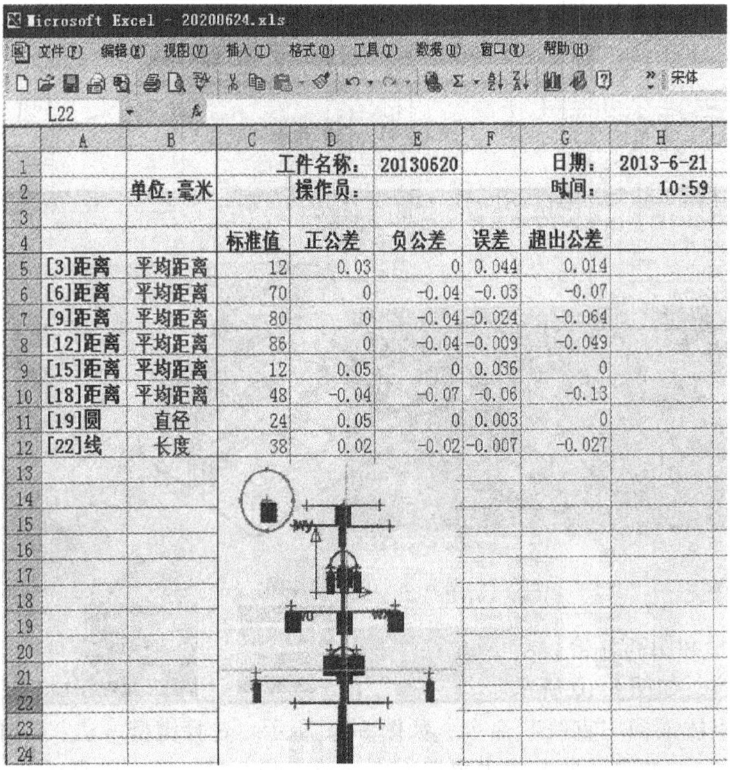

		A	B	C	D	E	F	G	H
1					工件名称:	20130620		日期:	2013-6-21
2			单位:毫米		操作员:			时间:	10:59
3									
4					标准值	正公差	负公差	误差	超出公差
5		[3]距离	平均距离		12	0.03	0	0.044	0.014
6		[6]距离	平均距离		70	0	-0.04	-0.03	-0.07
7		[9]距离	平均距离		80	0	-0.04	-0.024	-0.064
8		[12]距离	平均距离		86	0	-0.04	-0.009	-0.049
9		[15]距离	平均距离		12	0.05	0	0.036	0
10		[18]距离	平均距离		48	-0.04	-0.07	-0.06	-0.13
11		[19]圆	直径		24	0.05	0	0.003	0
12		[22]线	长度		38	0.02	-0.02	-0.007	-0.027

图 8-13　测量报告

8.3　先进光学测量系统

8.3.1　AICON 光学测量系统

AICON 光学测量系统是以相机为基础的先进测量系统，广泛应用于汽车、航空航天、造船业、新能源及机械工程等各个领域，其高效、精确、可靠的生产检测、质量控制及逆向工程功能可满足各个方面的应用要求。

AICON 开启了光栅投影的新纪元，应用数字化自适应全色差投影技术，实现了测量结果在物体表面的直观展示。数字化自适应全色差投影技术不仅将扫描过程中的必要色图投影到物体表面，而且对最终生成的测量结果也进行展示。测量完成后，CAD 偏差等数据以彩色云图形式直接显示于测量对象表面。

1. 工业 3D 测量系统

工业 3D 测量技术在现代工业中是产品即时监控和质量提升的重要手段。在测量现场进行误差分析时，不用花费大量人力、物力搬运设备并停止测量工作，使用手持式相机的便携式 3D 测量系统便能实现所需的测量功能。图 8-14 所示为工业 3D 测量系统。

2. 高效扫描测量系统

基于先进的非接触光学扫描技术和光栅投影技术，Prime Scan 光学测量系统采用人机工程原理并及紧凑设计理念，工作距离超小，是可以在桌面、狭小空间使用的扫描测量系统。图 8-15 所示为非接触扫描测量系统。

图 8-14　工业 3D 测量系统

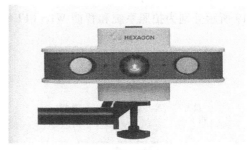

图 8-15　非接触扫描测量系统

3. 高性能多功能扫描系统

Smart SCAN 扫描系统运用了高精度光学测量技术，与高端激光扫描系统相比，Smart SCAN 扫描系统所提供的数据质量与分辨率更高，且操作更简单方便。图 8-16 所示为 Smart SCAN 扫描系统。

4. 高精度扫描系统

高精度扫描系统 Stereo Scan neo 拥有出色的机械稳定性和热稳定性，能够满足质量检测与逆向工程领域的最高要求。本系统基于转为捕捉物体表面 3D 数据的光栅技术与非接触式光学扫描技术，可快速而精确地捕捉复杂工件的表面结构，广泛应用于工业、医疗、古建筑等各个领域。图 8-17 所示为高精度扫描系统。

图 8-16　Smart SCAN 扫描系统

图 8-17　高精度扫描系统

8.3.2　蓝光拍照式测量系统

蓝光拍照式测量系统为三维光学测量带来新的标准，利用数字化图像和尖端的算法，准确地捕捉工件的三维几何图像和数据，可高效完成质量检测和逆向工程任务。

BLS400 传感器可以将无规则点阵投射到被测物体上，同时通过相机捕捉被测区域，采用三维重构技术，经过相关的算法处理获得物体表面的三维点云。该传感器还能够利用清晰的黑白图像精确地测量特定的特征，如孔和边缘等。

1. 智能 WLS qFLASH 拍照式测量系统

智能 WLS qFLASH 拍照式测量系统是非接触测量的多面手，能够快速完成三维测量任务，在制造现场可以产生测量报告并完成数字化扫描，其质量轻，便于把持，坚固耐用。WLS qFLASH 在设计时可以采用三脚架或使用手持模式，实现对零部件超便携的测量或者直接完成根源分析。WLS qFLASH 将无规则点阵投射到测量物体表面上后，可利用立体视觉进行曲面、特征与边线分析。该系统采用专用的 CoreView 三维测量分析软件包，WLS qFLASH 为钣金件、铸铝与铸铁件、塑料件、内饰和小型模具的测量提供了优化的选择。图 8-18、图 8-19 所示分别为拍照系统和智能 WLS qFLASH 拍照式测量系统。

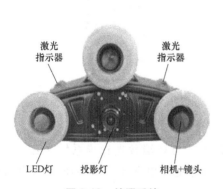

图 8-18　拍照系统

图 8-19　智能 WLS qFLASH 拍照式测量系统

2. WLS400M 手动拍照式测量系统

WLS400M 手动拍照式测量系统可以用于三维测量，如图 8-20 所示，是用于质量检验和数字化工程的手动操作系统。该系统具有独特的测量功能，为工业测量的各种应用提供了实践意义。WLS400M 增强了生产车间环境的可用性，可在工业制造，尤其是在汽车试产和量产阶段进行夹具和模具的开发试验、工件和总成件的校准以及复杂几何特性的根源分析。该系统采用专用的 CoreView 测量软件，会自动生成详细的尺寸测量结果，并且用户可以在不同的阶段直接或间接通过智能尺寸服务器进行产品开发、工程设计、质量评估和生产管理。

3. WLS400A 自动拍照式测量系统

WLS400A 自动拍照式测量系统是一个面向车间现场的柔性自动化测量系统，如图 8-21 所示，其采用高分辨率数字相机、LED 照明技术、碳纤维结构外壳及快速的数据采集和处理技术等，能够适应苛刻的生产环境，如有振动、温度和环境光的强烈变化，并且适用于标准机器人。此外该系统对不同大小、复杂几何特性的物体均能提供完整的尺寸信息。

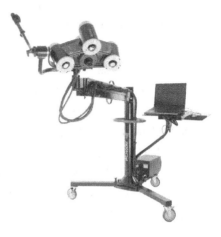

图 8-20　WLS400M 手动拍照式测量系统

4. BLAZE600M 便携式蓝光测量系统

BLAZE600M 便携式蓝光测量系统是一种高速、非接触光学 3D 拍照式测量系统，如图 8-22 所示，可应用于数据的快速采集及条件复杂车间现场环境的测量。该系统结合高分辨率数字成像技术及蓝光 LED 发光技术，提供了高精度、高可靠性的测量方法。

BLAZE600M 便携式蓝光测量系统可以通过 3 组高分辨率相机捕捉数字影像，生成被测工件的三维模型，在恶劣的工作环境下也能快速获取数据信息，不受振动和环境光变化的影响，提高了测量特征与点云数据的准确性。

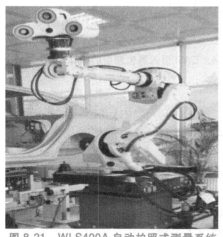

图 8-21　WLS400A 自动拍照式测量系统

图 8-22　BLAZE600M 便携式蓝光测量系统

8. 3. 3　Optiv 复合式影像测量系统

Optiv 复合式影像测量系统是将光学和触发测量集中在一起的测量系统，可根据工件的三维形状、材料、反光性能和精度要求选择合适的传感器进行检测。该系统支持光学传感器、触发传感器、同轴激光及新型的白光传感器（CWS）。

灵活性是复合式传感器技术的关键。Optiv 复合式影像测量系统的传感器类型包括接触式、激光式、白光式等，可灵活选用。Optiv 复合式影像测量系统采用固定桥式或移动工作台结构，提供了高精度、高效率的测量操作系统。该测量系统还配置了工业级彩色 CCD 相机、电动连续变焦镜头和可选择的接触式测量头传感器，可通过光学传感器进行非接触测量，也可利用接触式测量头传感器进行触发测量，从而完成复杂工件的全方位尺寸检测。Opitv 复合式影像测量系统的典型应用包括测量各种冲压件（成型件）、注塑模、电子类零部件、回转对称件、精密机加工件、曲面型件、复杂工件、箱体类零部件。

图 8-23 所示为 Optiv 复合式影像测量系统，具备较高级的精度与设计理念，能完成非常严格公差要求的工件检测。该系统采用独特的双 z 轴设计，提供了全系列传感器选择以及各种附件和装备以供选择，例如自动分度测量头、各种类型的转台等。其设备采用固定的花岗岩结构，各轴用空气轴承并配有相应的减振系统，拥有较为先进的设计与材料。

该系统的 PC-DMIS Vision 影像测量软件是可将 CAD 引入影像测量的软件（如图 8-24 所示）。

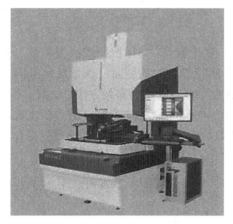

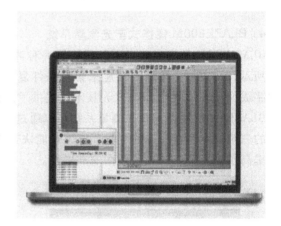

图 8-23　Optiv 复合式影像测量系统　　　　图 8-24　CAD 引入影像测量的软件

该系统智能高效的影像测量操作功能如下。

（1）高速扫描　PC-DMIS Vision 支持多类传感器——CCD 光学测头、接触测头（触发与模拟扫描）、激光与白光测头，并具有高效的扫描测量功能，可高效精确地完成复杂工件的测量。

（2）多重捕获　同一视场内，该系统软件根据工件尺寸特征以及分布密度，可以一次捕获完成所有要素的测量。

（3）多重选择　在软件中单击一次，即可对 CAD 模型上的多个特征进行选择，也可以一次性地生成这些特征要素的测量程序，而不需要对特征逐个编程。

（4）影像分析　可对测量过程中的影像随时截图并保存，为后续的数据分析提供保障。

（5）快速成像　只需单击 CAD 中或活动视窗中的影像，即可快速创建特征程序；PC-DMIS Vision 可将快速特征功能由三维影像扩展到二维影像的活动视窗。

8.3.4　Soptop MS 系列光学显微测量系统

Soptop MS 测量显微镜结合了金相显微镜的高倍观察能力，和影像测量仪的 x、y、z 轴表面尺寸测量功能，具备明暗场、微分干涉、偏光等多种观察功能；可广泛应用于手机产业链、光电通信、基础电子、模具五金、医疗器械、汽车制造、计量等领域的检测。

随着自动化测量技术的发展，测量显微镜的改变主要表现在两个方面：一是成像瞄准系统已发展为使用 CCD（Charge Coupled Device）的成像瞄准技术，所成的像可通过数据线传送到计算机并显示出来，这种成像技术形成的图像比原来在目镜视场中所形成的图像更加直观清晰，大大降低了线瞄准误差；二是读数装置由原来的玻璃线纹尺变为光栅尺，所得的数据能直接传到计算机，并通过特定的软件程序自动评定计算，这样不仅能够消除人员读数的误差，而且还可大幅度提高测量效率。

图 8-25 所示为 Soptop MS 光学测量显微镜，其可利用卓越的光学技术呈现出良好的影像，该仪器主要采用优异的无限远光学系统并配备半副消色差物镜，进而提高成像衬度和清晰度，因此用户可以得到鲜明、清晰的高对比度图像。操作者只需简单操作即可实现明暗场、偏光、微分干涉等多种成像方式。此外该仪器配有 5、10、20、50、100 等不同倍率的物镜，并可配合燕尾式转换器，拆装方便，既可实现大视野、大工作行程测量，又可以实现高倍、高精度的测量。

Soptop MS 光学测量显微镜具有独立的裂像光源控制器，可根据样品的不同背景进行光源亮度调节，清晰准确地显示最佳焦面。该仪器有两种裂像图案可供选择，并可随意切换。Soptop MS 测量显微镜配备了操作简单、功能强大的测量软件，对复杂形状的零件也可以进行高精度的测量。特别地，在 IC 先进封装 bumping 尺寸测量、IC 先进封装 bumping 对位精度测量、PCB 板焊脚测量、液晶面板晶体管测量等方面，该仪器均得到了很好的应用，如图 8-26 所示。

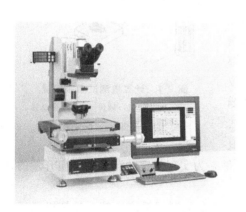

图 8-25　Soptop MS 光学测量显微镜

图 8-26　Soptop MS 光学测量显微镜应用

第**9**章

计算机测试系统与虚拟仪器

9.1 计算机测试系统简介

9.1.1 概述

计算机测试系统是传感器技术、数据采集技术、信号处理技术和计算机技术在测试领域融合应用的产物，它既能实现对信号的检测，又能实现对测得信号的计算、分析、处理和判断，目前已经成为测试系统和测试仪器设计的主要模式。

计算机测试系统一般由 4 部分组成：计算机、测量仪器（传感器）、接口和总线、软件，其宏观组成如图 9-1 所示。计算机或微处理器是整个测试系统的核心，以微处理器为核心的测试仪器（传感器）主要负责采集数据，同时控制整个测试系统的正常运转，并且对测量数据进行计算、变换、误差分析等处理，最后将测量结果存储或显示、打印输出。测量仪器一方面能接受程序的控制，另一方面程序控制器能够通过计算机发出的指令改变内部电路的工作状态，如测量功能、工作频率、输出电平量程等的选择和调节都是在微机所发指令的控制下完成的。测量系统的各仪器之间通过适当的接口用各种总线相连。接口是使测试系统各仪器和设备之间进行有效通信的重要环节，以实现自动测试。接口主要是提供机械兼容、逻辑电平方面的匹配，并能通过数据线交换电信号信息。软件是为实现特定的测量功能而开发的计算机程序。

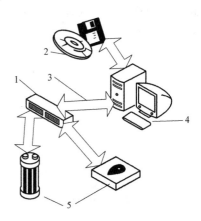

图 9-1 计算机测试系统组成
1—接口电路 2—软件 3—数据总线
4—计算机 5—传感器

计算机测试系统的信号转换过程如图 9-2 所示。与传统的测试系统比较，计算机测试系统是通过将传感器输出的模拟信号转换为数字信号，并利用计算机系统丰富的软、硬件资源达到测试自动化和智能化目的的测试系统。

计算机测试系统，按照其发展历程可分为：①PC 插卡式测试系统；②标准总线的数据采集系统（GBIP 标准总线系统、VXI 标准总线系统、PXI 标准总线系统）；③现场总线及智能传感器。

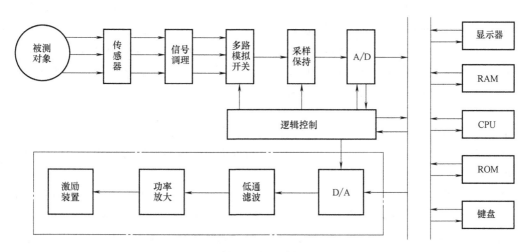

图 9-2　计算机测试系统的信号转换过程

9.1.2　PC 插卡式与标准总线测试系统

1. PC 插卡式测试系统

PC 插卡式测试系统主要是在计算机的拓展槽（通常是 PCI、ISA 等总线槽，也可设计成便携式计算机专用的 PCMCIA 卡）中插入信号调理、模拟信号采集、数字输入/输出、DSP、DAC 等测试与分析板卡，构成通用或专用的测试系统。图 9-3 所示为一块 9 位的 ADC 卡。

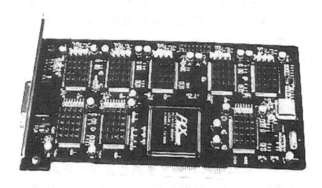

图 9-3　ADC 卡

插卡式测试仪器由微机、数据采集卡与专用的软件组成。插卡式仪器自身不带仪器面板，它借助计算机强大的图形环境，建立图形化的虚拟面板，完成对仪器的控制、数据分析和显示。现在比较流行的虚拟仪器系统通常借助插卡微机内的数据采集卡 DAQ（Data Acquisition）与专用的软件相结合，完成测试任务。由于个人计算机数量非常庞大，插卡式仪器价格最便宜，因此用途非常广泛，特别适合教学部门和各种实验室使用。这类仪器系统性能好坏的关键在于数据采集卡的质量，即 A/D 转换技术。

数据采集卡是实现数据采集（DAQ）功能的计算机扩展卡。计算机主板上一般有多个扩展插槽，按对外数据总线标准分类，主要有 XT 总线插槽、16 位的 AT 总线插槽（也称为 ISA 工业标准总线）、32 位 PCI 总线插槽及便携式计算机的 MCIA 总线插槽等。将数据采集卡插入相应的总线插槽中即可将数据通过 USB、PXI、PCI、PCI Express、火线（1394）、PCMCIA、ISA、Compact Flash 等总线接入计算机。与其接入总线的相应插卡类型有 ISA（Industry Standard Architecture）卡和 PCMCIA（Personal Computer Memory Card International Association）卡等多种类型。随着计算机的发展，ISA 型插卡已逐渐退出舞台。PCMCIA 卡受到其结构连接强度太弱的限制，影响了它的工程应用。

2. 标准总线测试系统

除了利用通用计算机或工控机开发测试仪器外，专用的仪器总线系统也在不断发展，成为构建高精度、集成化仪器系统的专用平台。高精度集成系统架构经历 GPIB→VXI→PXI 仪器总线的发展过程。

（1）GPIB 标准总线系统　　GPIB 标准接口总线是计算机和仪器间的标准通信协议。GPIB 的硬件规格和软件协议已纳入国际工业标准——IEEE488.1 和 IEEE488.2。IEEE488.1 主要规定了应用分立的台式仪器构成测试系统的接口总线的相关规范，IEEE488.2 规定了应用 IEE488.1 接口系统组建的系统中有关器件消息的编码、格式、协议和公用命令。在价格上，GPIB 仪器覆盖了从比较便宜的到异常昂贵的仪器。但是 GPIB 的数据传输速度一般低于 500KB/s，不适合应用于系统速度要求较高的场合。GPIB 适用于在电气噪声小、范围不大的环境中构成测试系统，并且受其驱动能力的影响，接在总线上的仪器不能超过 15 台，同时一个系统的各仪器接口之间连接线的总长度不应超过 20m 或应小于等于仪器数的 2 倍。因此，GPIB 一般适用于组建实验室条件下工作的小型系统。作为早期仪器发展的产物，目前已经逐步退出市场。

（2）VXI 标准总线系统　　VXI 总线是一种高速计算机总线——VME 总线在仪器领域的扩展。在 VXI 总线系统中，各种命令、数据、地址和其他消息都通过总线传递。VXI 总线具有标准开放、结构紧凑、数据吞吐能力强、定时和同步精确、模块可重复利用等特点，且被众多仪器厂家支持，因此得到了广泛应用。经过多年的发展，VXI 在大、中组建规模及对速度和精度要求高的测试系统中的应用越来越广泛。由于组建 VXI 总线必须有机箱、插槽管理器及嵌入式控制器，并受且造价高的影响，VXI 总线的推广应用受到一定限制，主要应用集中在航空、航天等国防军工领域。目前这种类型也有逐渐退出市场的趋势。

（3）PXI 标准总线系统　　1997 年，NI 发布了一种全新的开放性、模块化仪器总线规范——PXI。它将 Compact PCI 规范定义的 PCI 总线技术发展成适合于试验、测量与数据采集场合应用的机械、电气和软件规范，从而形成了新的虚拟仪器体系结构。PXI 构造类似于 VXI 结构，但它的设备成本更低、运行速度更快、体积更紧凑。PXI 总线具有高数据传输速率；采用模块化仪器结构，具有标准的系统电源、集中冷却和电磁兼容性能；具有 10MHz 系统参考时钟、触发线和本地线；具有"即插即用"仪器驱动程序；具有价格低、易于集成、灵活性较好和开放式工业标准等优点。目前基于 PCI 总线的软硬件均可应用于 PXI 系统中，使得 PXI 具有 PCI 的性能和特点，包括 32 位数据传输能力，以及目前分别高达 132MB/s 和 528MB/s 的数据传输速率，这远高于其他接口的传输速率。

PXI 作为一种标准的测试平台，与传统测试仪器相比，除了在价位上具有绝对竞争优势外，还具有许多其他优点。首先，随着产品复杂度的增加，被测项目复杂度也相应增加，利用 PXI 模块可以灵活配置成综合的自动化测试平台，将多功能测试项目同时进行，有效节省了系统测试时间和成本；其次，PXI 集定时与触发、更高带宽与更高的性价比于一身，从而成为标准综合测试平台。PXI 提供了一种清晰的混合解决方案，即 PXI 能很轻松地将硬件和软件集成在一起，包括 VXI、GPIB、串口设备、PXI 新产品、USB、以太网设备。

相对于 VXI，PXI 机箱体积较小，对于具有很多复杂功能的大型综合系统，它所能提供的模块有限，因而只能配合用于某些单元测试环节。PXI 缺少 VXI 系统中每个模块的屏蔽盒，因而其电磁兼容性较差，对可靠性要求较高的场合不太适用。此外，与传统仪器相比，PXI 采用的都是通用芯片和技术，在采样精度等技术指标上与拥有专利技术的传统仪器厂商的产品存在差距，因而借鉴传统仪器厂商的经验，加强与他们的合作成为 PXI 技术快速发展的一条捷径。

例如，比利时 LMS 公司生产的 LMS SCADAS M 是一种多通道数据采集前端设备，如图 9-4 所示。这一采用模块化设计的设备可在不影响性能的情况下，从四通道扩展至数百通道。每四通道输入模块上有一个高性能的 DSP 芯片，可以进行 FFT 谱、整体均方根值及实时倍频程分析。LMS SCADA S I 是一个全数字化系统，可以完全通过计算机以模块为单位进行标定，并且能与 LMS Test. Lab 及 LMS CADA-X 试验分析软件系统集成。具备高性能的信号调理功能，支持多种传感器。第一个扩展机箱可置于距主机箱 50m 之外，且不会对测量质量产生影响。低噪声冷却系统设计可以满足敏感的声学试验要求。每个主机箱包括一个系统控制器，通过 SCSI 接口与计算机主机相连，一个主/扩展机箱接口以及一个标定模块。通过一个 SCSI 接口允许将主机箱置于计算机 25m 以外。

又如，北京东方振动和噪声技术研究所（简称东方所）公司生产的 INV2308-8 无线静态应变测试仪（如图 9-5 所示）：每一测点任意组桥，电子开关切换测点；支持电阻测量功能；支持单机及多机联网测试，系统可无限扩展；可以自组织、自恢复多跳网络，支持多种网络拓扑结构。仪器内置大容量可充电电池，也支持外接宽范围直流电源供电。仪器内置大容量存储器，可存储数万次测试的数据。仪器每个测点桥路独立设置，每台仪器有 2 个补偿片接入端子，可在软件中为每个测点分别选择补偿片，现场测试方式更加灵活。

图 9-4　LMS SCADAS M 数据采集设备

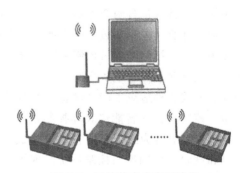

图 9-5　无线静态应变测试仪

再如，东华测试所生产的 DH5922 动态信号测试分析仪（如图 9-6 所示）：能实现多通道并行同步高速长时间连续采样（多通道并行工作时，25Hz 通道）；高度集成；多通道输出互不相关，可输出多种信号；实现长时间实时、无间断多通道信号记录；配套各种可程序控制的信号适调器，通道自动识别，输入灵敏度实现归一化数据；并行采样，满足多通道、高精度、高速动态信号的测量需求。

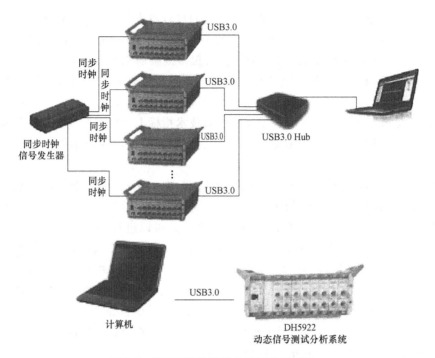

图 9-6　DH5922 动态信号测试分析系统

9.1.3　现场总线测试系统与智能传感器

随着控制、计算机、通信、网络等技术的发展，信息技术正在迅速覆盖工业生产的各个方面，包括从工厂现场设备到控制、管理的各个层次。同时，信息技术的飞速发展也引起了生产过程自动控制系统的变革，从基地式气动仪表控制系统、电动单元组合式模拟仪表控制系统、集中式数字控制系统、集散控制系统（Distributed Control System，DCS），一直到新一代控制系统——现场总线控制系统（Fieldbus Control System，FCS）。

现场总线技术包含两个方面：一方面，将专用微处理器置入传统的测量控制仪表中，使其具有数字计算、控制和数字通信能力，即智能化；另一方面，采用可进行简单连接的双绞线等作为总线，把多个测量控制系统连接成网络，并按公开、规范的通信协议，在位于现场的多个微机化测量控制设备之间，以及现场仪表与远程监控计算机之间，实现数据传输与信息交换，形成各种适应生产、试验等方面需要的自动控制系统。即现场总线技术把单个分散的测量、控制设备（智能仪表和控制设备，也包括可自称单元的智能传感器等）作为网络节点，以现场总线为纽带，把它们连接成可以相互沟通信息、共同完成自控任务（生产过程控制和试验）的网络与控制系统。现场总线控制系统原理如图 9-7 所示。

1. 智能传感器

如图 9-8 所示，现代自动化过程包括 3 种主要功能块：执行器、计算机（或微处理器）及传感器。传感器实时检测"对象"的状态及相应的物理量，并及时馈送给计算机；计算机相当于人的大脑，经过运算、分析、判断，根据"对象"状态偏离设定值的方向与程度，对执行器下达修正动作的命令；执行器相当于人的手脚。按计算机的命令对"对象"进行操作。如此循环进行，以使"对象"在允许的误差范围内维持在所设定的状态。传感器位

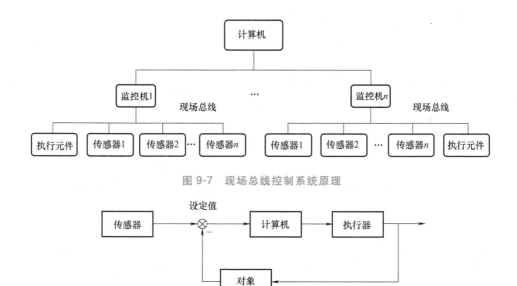

图 9-7 现场总线控制系统原理

图 9-8 现代自动化过程

于信息系统的最前端，它起着获取信息的作用。其特性的好坏、输出信息的可靠性对整个系统的质量至关重要。

传感器主要有两个功能：一是检测对象的有无或检测变换对象发出的信号，即"感知"；二是进行判断、推理、鉴别对象的状态，即"认知"。一般的传感器只具有对某一物体精确"感知"的本领，而不具有"认知"（智慧）的能力。智能传感器则可将"感知"和"认知"结合起来，不仅能"感知"外界的信号，还能把"感知"到的信号进行必要的加工处理。因而智能传感器就是带微处理器并且具备信息检测和信息处理功能的传感器，它有如下特点：精度高、分辨率高、可靠性高、自适应性高、性价比高。智能传感器通过数字处理获得高信噪比，保证了高精度；通过数据融合、神经网络技术，保证在多参数状态下具有对特定参数的测量分辨能力；通过自动补偿来消除工作条件与环境变化引起的系统特性漂移，同时能优化传输速度，让系统工作在最优的低功耗状态，以提高其可靠性；通过软件进行数学处理，使智能传感器具有判断、分析和处理的功能，系统的自适应性高；可采用能大规模生产的集成电路工艺和 MEMS 工艺，性价比高。

智能传感器的功能包括信号感知、信号处理、数据验证和解释、信号传输和转换等，主要的组成元件包括 A/D 和 D/A 转换器、收发器、微控制器、放大器等。

智能传感器主要有 3 种实现途径：一是非集成化实现，非集成化智能传感器是将传统的传感器、信号调理电路、带数字总线接口的微处理器组合为一个整体而构成一个智能传感器系统；二是集成化实现，这种智能传感器系统采用数控加工技术和大规模集成电路工艺技术，利用硅作为基本材料来制作敏感元件、信号调理电路、微处理器单元，并把它们集成在一块芯片上，故又可称为集成智能传感器；三是混合实现，混合实现是指根据需求与可能性，将系统各个集成化环节，如敏感单元、信号调理电路、微处理器单元、数字总线接口等以不同的组合方式集成在 2 块或 3 块芯片上，并封装在一个外壳里。

2. 现场总线控制系统

（1）现场总线控制系统（FCS）中的传感器与仪表 现场总线控制系统（FCS）中，节点是现场设备或仪表，如传感器、变送器、调节器、记录仪等，其中的仪表并不是传统的单功能仪表，而是具有综合功能的智能仪表。如果传感器与仪表都没有智能化，中心控制室的主控计算机就要关注每个传感器与仪表的工作细节，并且根据它们各自的工作状况进行分析、判断，然后发出命令，这种非智能的工作环境不能适应现代生产过程控制系统日益复杂的要求。解决上述问题的方法就是"分散"或"分布"智能，给传感器、变送器、仪表、执行器等现场设备配备微型计算机/微处理器。这样，传统的传感器、变送器与微型计算机/微处理器结合就成为智能传感器、变送器。通过这种改进，大量的过程检测与控制的信息就能够就地采集、就地处理、就地使用，在新技术的基础上实施就地控制。上位机主要对其进行总体监督、协调、优化控制与管理，完全实现了分散控制。在这个局域的分散控制系统中，现场传感器、变送器是智能型的，并带有标准数字总线接口。用于现场总线控制系统中的、具有智能的传感器、变送器也称为现场总线仪表。

（2）现场总线控制系统中的现场总线　现场总线是现场总线控制系统的基础，是用于现场总线仪表与控制室系统之间的一种全数字化、串行、双向、多站的通信网络。这个网络使用一对简单的双绞线传输现场总线仪表与控制室之间的通信信号，并对现场总线仪表供电。现场总线技术包括数字化通信、开放式互联网络、通信线供电等，是正在飞速发展中的技术。现场总线是专为工业过程控制而设计的，以更好地满足工业过程对自动化或工业 CAT 系统的各种苛刻要求。现场总线的另一优点就是用户可以放心自如地选择不同厂商的最好的各类现场设备及仪表，并毫不费力地将它们集成为一体，因为所有现场总线产品都符合统一的标准。

（3）现场总线网络协议模式　现场总线是近年来出现的面向未来工业控制网络的通信标准。与适用于各个领域的工业局部网络协议相对应，现场总线网络也有自己的协议模式。

现场总线网络协议是按照图 9-9 所示国际标准化组织（ISO）制定的开放系统互连（OSI）参考模型建立的。它规定了现场应用进程之间的相互可操作性、通信方式、层次化的通信服务功能划分、信息的流向及传递规则。一个典型的 IEC/ISA 现场总线通信结构模型如图 9-10 所示。为了满足过程控制实时性的要求，它将 ISO/OSI 参考模型简化为 3 层体系结构，即应用层、数据链路层、物理层。

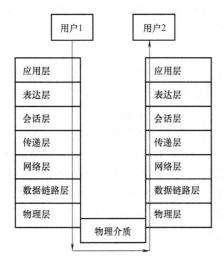

图 9-9　ISO 开放互连（OSI）参考模型

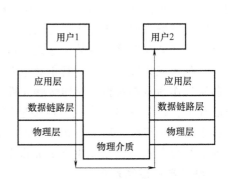

图 9-10　IEC/ISA 现场总线通信结构模型

1）应用层。现场总线的应用层（FAL）为过程控制用户提供了一系列的服务，用于简化或实现分布式控制系统中应用进程之间的通信；同时为分布式现场总线控制系统提供了应用接口的操作标准，实现了系统的开放性。

2）数据链路层。现场总线的数据链路层（DLL）规定了物理层与应用层之间的接口。链路层的重要性在于所有接到同一物理通道上的应用进程实际上都是通过它的实时管理来协调的。由于工业过程中实时性占据非常重要的地位，因此现场总线采用了集中式管理方式，在集中式管理方式下，物理通道可被有效地利用起来，并可有效地减少或避免实时通信的延迟。

3）物理层。现场总线的物理层可提供机械、电气和规程性的功能，以便在数据链路实体之间建立、维护或拆除物理连接。物理层通过物理连接在数据链路实体之间提供透明的稳流传输。现场总线的物理层规定了网络物理通道上的信号协议，具体包括对双绞线、光纤、射频等上的数据进行编码或译码。当处于数据发送状态时，该层接收由数据链路层下发的数据，并将其以编码为某种电气信号并发送。当处于数据接收状态时，将相应的电气信号编码为二进制值，并送到数据链路层。

物理层还定义了所有传输媒介的类型和介质中的传输速度、通信距离、拓扑结构及供电方式等。物理层定义了 3 种介质：双绞线、光纤和射频；定义了 3 种传输速度为 31.25KB/s、1MB/s、2.5MB/s，其中 31.25KB/s 用于支持安全环境；3 种通信距离为 1.900m（31.25KB/s）、750m（1MB/s）、500m（2.5MB/s）。

9.2　虚拟仪器

9.2.1　概念及概述

测量仪器的主要功能都是由数据采集、数据分析和数据显示三大部分组成的。在测量系统中，数据分析和显示完全由计算机的软件来完成。这种基于计算机的测量仪器称为虚拟仪器。在虚拟仪器中，同一个硬件系统只要应用不同的软件就可得到功能完全不同的测量仪器。可见，软件系统是虚拟仪器的核心——软件就是仪器 。

1. 虚拟仪器的概念

虚拟仪器（Virtual Instrument）是通过软件将通用技术与有关仪器硬件结合起来，使用户通过图形界面（通常称为虚拟前面板）进行操作的一种仪器，如图 9-11 所示。虚拟仪器利用计算机系统的强大功能，结合相应的仪器硬件，采用模块式结构，大大突破了传统仪器在信号传输、数据处理、显示和存储等方面的限制，用户可以方便地对其进行定义、维护、扩展和升级等，同时虚拟仪器实现了系统资源共享，降低了成本，从而显示出强大的生命力，并推动了仪器技术与计算机技术的进一步结合。

虚拟仪器随着计算机技术、网络技术、嵌入式技术、实时操作系统的飞速发展，现在已经被广泛应用于数据采集、工业控制、仪器控制和实验室自动化测量等领域。

在采用虚拟仪器进行测试、控制和嵌入式设计的过程中，虚拟仪器以其模块化的硬件和开放的编程软件，可以帮助用户简化开发过程、提高开发效率、缩短开发时间。

虚拟仪器（Virtual Instrumentation，VI）的概念，是由美国国家仪器公司于 1986 年提出

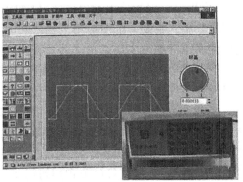

图 9-11　虚拟仪器硬件及其仪器面板

的。它基于高性能的模块化的 I/O 硬件，结合高效灵活的软件，充分利用软件定义来实现各种仪器功能，从而完成各种测试、测量和自动化的应用。用户可以通过友好的人机界面与仪器进行交互操作。灵活高效的软件可以帮助用户创建完全自定义的人机界面，模块化的 I/O 硬件可以方便地提供全方位的系统集成，而标准的软硬件平台能满足对同步和定时应用的需求。由于同时拥有了灵活高效的软件、模块化的 I/O 硬件和用于集成的软硬件平台，因此，充分发挥了虚拟仪器技术性能高、扩展性强、开发时间少、集成功能出色的优点。

2. 虚拟仪器和传统仪器的差异

虚拟仪器的概念是相对于传统仪器而言的。对于常用的直流电源、万用表、示波器等仪器，它们每一个都是一个功能固定的模块，使用者不知道其内部详细的工作原理、无法改变其功能和外观；它们所有的测量功能是独立的，用户利用一台传统仪器只能完成某个功能固定的测试任务，一旦测试需求改变，则必须购买能够满足新需求的仪器。这就是传统仪器的工作情况。虚拟仪器则相当于用通用计算机替代这种功能固定的模块，除了信号采集和调理部分，采用通用的计算机硬件设备。这些通用的硬件设备可以根据需要进行升级，或者按用户的要求进行配置。例如，在虚拟仪器上，用户可以通过升级 CPU 来加快处理速度，也可以自己编写程序来改变仪器的测试功能和人机交互界面。

虚拟主要包含以下两方面的含义。

1）虚拟的人机交互界面。位于虚拟仪器人机交互界面上的各种软控件与传统仪器面板上的各种硬器件所能完成的功能是相同的。例如，用各种按钮、开关实现传统仪器电源的通和断，测量结果的数值显示和波形显示。传统仪器操作面板上的器件都是实物且需要通过手指拨动或触摸进行操作，虚拟仪器人机交互界面上的控件是外形与实物相像的图标，需要通过鼠标等进行操作。设计虚拟人机交互界面的过程就是在前面板上放置所需的控件，然后编写相应的应用程序。大多数初学者可以利用虚拟仪器的软件开发工具，如 LabVIEW、Lab-Windows/CVI 等编程语言，在短时间内轻松完成美观而又实用的虚拟仪器软件程序的设计。

2）虚拟的测量功能。与虚拟仪器有关的一句话是"软件就是仪器"，可见，虚拟仪器软件是非常核心的部分。在以通用计算机为核心组成的硬件平台支持下，不仅可以通过虚拟仪器软件编程来实现仪器的测试功能，而且可以通过不同软件模块的组合与开发来实现多种测试功能。

虚拟仪器和传统仪器的差异见表 9-1。

表 9-1　虚拟仪器和传统仪器的差异

虚拟仪器	传统仪器
软件是核心	硬件是核心
开发与维护的费用低	开发与维护的费用高
可配置性好,软件功能丰富灵活	功能固定,软件功能单一
用户可以定义仪器功能	只能使用生产厂商提供的仪器功能
系统开放,与计算机同步更新	系统封闭,更新困难
与其他设备连接灵活,综合利用率比较高	不易与其他设备连接,是精密实验室的高端测量仪器领域的主宰者

3. 虚拟仪器的特点

虚拟仪器在自动化程度、信息处理能力、性价比、操控性等方面都具有突出的特点,具体说明如下。

1）自动化程度高,信息处理能力强。虚拟仪器的处理能力和自动化程度取决于虚拟仪器软件的水平。用户可以根据实际应用的需求,将先进的信号处理算法、智能控制技术和专家系统应用于虚拟仪器的软件设计中,从而将虚拟仪器的水平提高到一个新的高度。

2）性价比高。采用相同的硬件可以搭建多种不同用途的虚拟仪器,因此虚拟仪器的功能更灵活、费用更低。通过以太网与计算机网络连接,可以实现虚拟仪器的分布式测控功能,更好地发挥仪器的使用价值。

3）操控性好。虚拟仪器前面板由用户定义,结合计算机强大的多媒体处理能力,可以更好地满足用户的要求与习惯,有关人员的操作也更加直观、简便、易于理解,测量结果可以直接存入数据库。

4）虚拟仪器代表了仪器仪表的发展趋势。总的来说,就是仪器数字化、智能化的实现。

9.2.2　虚拟仪器的组成

虚拟仪器的基本构成包括计算机、软件、仪器硬件,以及将计算机与仪器硬件相连接的总线结构,如图 9-12 所示。计算机是虚拟仪器的硬件基础,对于测试与自动控制而言,计算机是功能强大、价格低廉的运行平台。由于虚拟仪器充分利用了计算机的图形用户界面（GUI）,所开发的具体应用程序都基于 Windows 运行环境,因此计算机的配置必须合适。GUI 对计算机的 CPU 速度、内存大小、显卡性能等都有最基本的要求,一般而言要使用 486 型号以上的 CPU 和 16MB 以上内存的计算机才能获得良好的效果。

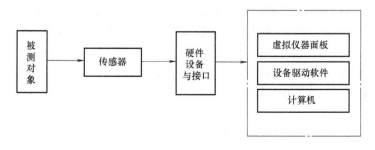

图 9-12　虚拟仪器的组成结构

除此以外，虚拟仪器还需配备其他硬件，如各种计算机内置插卡或外置测量设备，以及相应的传感器，才能构成完整的硬件系统。在实际应用中有如下两种构成方式。一种是直接把传感器的输出信号经放大调理后送到 PC 内置的专用数据采集卡，然后由软件完成数据处理。目前许多厂家已经研制出许多用于构建虚拟仪器的数据采集卡。一块数据采集卡可以完成 A/D 转换、D/A 转换、计数器、定时器等多种功能，再配以相应的信号调理电路模块，就可以构成能组成各种虚拟仪器的硬件平台。另一种是把带有某些专有接口并且能与计算机通信的测试仪器直接连接到 PC 上，例如 GPIB 仪器、VXI 总线仪器、PC 总线仪器及带有 RS-232 口的仪器或仪器卡。

在确立基本硬件的基础上，还需要配备功能强大的软件。软件由以下两部分组成：仪器驱动软件和系统监控软件。仪器驱动软件是直接控制各种硬件接口的驱动程序，虚拟仪器通过底层仪器驱动软件与真实的仪器系统进行通信，并以虚拟仪器面板的形式在计算机屏幕上显示与真实仪器面板操作元素相对应的各种控件。这些控件中预先集成了对应仪器的程控信息，所以用户使用鼠标操作虚拟仪器的面板就如同操作真实仪器一样真实与方便。NI 公司提供了数百种 GPIB、VXI、RS-232 等仪器和 DAQ 卡的驱动程序。有了这些驱动程序，只要把仪器的用户接口代码及数据处理软件组合在一起，就可以迅速而方便地构建一台新的虚拟仪器。

系统监控软件通过仪器驱动程序和接口软件实现对硬件的操作，进行数据采集，同时完成诸如数据处理、数据存储、报表打印、趋势曲线、报警和记录查询等功能。系统软件部分直接面向操作人员，要求有良好的人机交互界面和操作便捷性。硬件部分实现数据采集功能并提供数据处理的具体环境，而数据处理、显示和存储由软件来完成。

当前流行的虚拟仪器软件是图形软件开发环境，其代表产品有 LabVIEW 和 HP 公司的 VEEE。LabVIEW 所面向的是没有编程经验的一般用户，尤其适合于从事科研、开发的工程技术人员。它采用图形程序设计语言，可以把复杂、繁琐和费时的语言编程简化为简单、直观和易学的图形编程，编写的源程序很接近程序流程图。与传统的编程语言相比，采用 LabVIEW 图形编程方式可以节约 80% 的编程时间。为了便于开发，LabVIEW 还提供了包含 40 多个厂家的 450 种以上的仪器驱动程序库，集成了大量的生成图形界面的模板，包括数字滤波、信号分析、信号处理等各种功能模块，可以满足用户从过程控制到数据处理等各项工作的需求。

9.2.3 虚拟仪器的硬件系统

由于虚拟仪器硬件种类繁多，因此用户在选择使用时，需要考虑多种使用环境。例如，在恶劣环境下运行的虚拟仪器系统需要采用工业控制计算机，放置于工业现场狭小空间内的虚拟仪器系统需要采用嵌入式系统，满足多种测量功能的虚拟仪器系统需要选用 PXI 机箱。

下面以硬件系统为例进行简略的介绍。虚拟仪器的硬件平台主要有 PXI 平台、NI CompactRIO 平台、NI CompactDAQ 平台。

1. PXI 平台

PXI 平台是一种坚固、基于计算机的平台，适用于测量和自动化系统。PXI 平台结合了 PCI 的电气总线特性、CompactPCI 的模块化、Eurocard 机械封装的特性，并增加了专用的同步总线。PXI 平台可用于多个领域，如军事和航空、机器监控、汽车和工业测试。

PXI 系统由 4 个部分组成：机箱、控制器、模块、软件。下面分别进行介绍。

（1）机箱　机箱为控制器和模块提供电源、PCI 和 PCI Express 通信总线、一系列的 I/O 模块插槽等。机箱又分为 3 种：PXI Express 机箱、PXI 机箱、集成式机箱。

1）PXI Express 机箱兼容 PXI 和 PXI Express 模块。

2）PXI 机箱可以使用 PXI 和 CompactPCI 模块。

3）集成式机箱的后部设有一个用于远程系统控制的内置 MXI 接口连接器。

（2）控制器

1）嵌入式控制器。采用嵌入式控制器，用户就无须使用外部计算机。PXI 机箱内部包含了一套完整的系统，并配有标准设备，如 CPU、硬盘、内存、以太网、串口、USB 和其他外设。该类控制器适用于基于 PXI 或 PXI Express 的系统，并可自行选择操作系统，包括 Windows 或 LabVIEW 实时操作系统。

2）远程控制器。借助于 PXI 远程控制套件，用户可以直接通过台式计算机、笔记本式计算机或服务器计算机控制 PXI 系统。PXI 系统由计算机中的一块 PCI Express 板卡和 PXI 系统插槽中的一个 PXI/PXI Express 模块构成，通过一根铜质电缆或光纤电缆连接。

（3）模块　为了满足用户测试或嵌入式应用需求，相关公司提供了几百个模块，包括多功能数据采集、信号调理、信号发生器、数字化仪表/示波器、运动控制、定时与同步等模块。

（4）软件　软件有 NI LabVIEW、NI LabWindows/CVI 等。

接下来对于 NI PXIe-1073 混合机箱（配有交流的 5 槽 3U PXI Express 机箱、集成 MXI-Express 控制器、NI PXIe-1073 远程控制器）、NI PXI-6515 工业数字输入/输出模块、NI PXI-6221M 系列多功能数据采集卡做简要的介绍。

NI PCI Express Host Card（主机卡）已经插在台式计算机的机箱里，本教材提供的图片里看不见主机卡，该卡占用一个台式计算机的 PCI Express 扩展插槽，主机卡和 NI PXIe-1073 混合机箱通过 MXI-Express 线缆连接，该线缆没有极性之分，任何一端连接到主机卡或计算机都可以。这种将台式计算机作为控制器的硬件配置既不影响整个硬件系统的性能，又可降低使用成本，是一种高性价比的 PXI 系统平台，如图 9-13 所示。

在 NI PXIe-1073 混合机箱的第 4 个插槽里插的是 NI PXI-6515 工业数字输入/输出模块，第 5 个插槽里插的是 NI PXI-6221M 系列多功能数据采集卡，如图 9-14 所示。

图 9-13　NI PXIe-1073 混合机箱

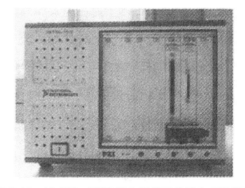

图 9-14　NI PXIe-1073 混合机箱里的两个 PXI 模块

用于 PXI 模块的经济型接线端子及屏蔽线缆如图 9-15 所示。

NI PXIe-1073 混合机箱背面的下方设置有风扇选择器的拨动开关，有自动和高风扇两档，如图 9-16 所示。

图 9-15　经济型接线端子及屏蔽线缆　　　图 9-16　自动/高风扇选择器

2. NI CompactRIO 平台

NI CompactRIO 平台是一种可重新配置的嵌入式控制和采集系统，由 4 个部分组成：嵌入式控制器、可重新配置的现场可编程门阵列（FPGA）机箱、可热插拔的 I/O 模块、软件。

（1）嵌入式控制器用于通信和信号处理。

（2）可重新配置的现场可编程门阵列（FPGA）机箱、嵌入式控制器可以集成为一个整体。

（3）可热插拔的 I/O 模块包括热电偶、电压、热电阻、电流、应变器、数字显示（TTL 和其他）、加速度计和麦克风等模块。

（4）软件　CompactRIO 平台通过 NI LabVIEW 进行程序开发。同时，采用 NI LabVIEW Real-Time 模块，可以通过以太网将实时系统开发并部署至 CompactRIO 的微处理器。采用 NI LabVIEW FPGA 模块，可以帮助用户采用图形化编程来创建自定义的测量和控制硬件，实现超高速控制、数字信号处理，且不需要拥有底层硬件描述语言或板卡设计的经验。

嵌入式机箱 cRIO-9074 的外观和结构如图 9-17 所示。

在嵌入式机箱 cRIO-9074 的插槽里插有模拟输出模块 NI 9263、数字输出模块 NI 9472、电压输入模块 NI 9215、数字输入模块 NI 9411，如图 9-18 和图 9-19 所示。

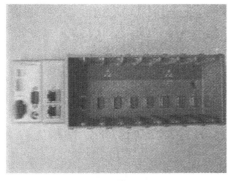

图 9-17　嵌入式机箱 cRIO-9074　　　图 9-18　插有 4 种 NI C 系列模块的 cRIO-9074 正面

电源模块 NIPS-15 的正面如图 9-20 所示。

图 9-19　插有 4 种 NI C 系列模块的 cRIO-9074 机箱　　　图 9-20　电源模块 NIPS-15

5 种 NI C 系列模块的外观、结构如图 9-21 所示。

3. NI CompactDAQ 平台

NI CompactDAQ 平台由 3 个部分组成：机箱、NI C 系列 I/O 模块及软件。

（1）机箱可以通过 USB、以太网或 802.11 无线网络连接到计算机主机。NI Compact-DAQ 平台提供了单槽、4 槽、8 槽的机箱。机箱负责控制系统的定时、同步，还负责外部或内置计算机与 I/O 模块之间的数据传输。NI CompactDAQ 平台是一个非常灵活、易于扩展的硬件平台。

（2）NI C 系列模块为特定的电子测量或传感器测量任务进行了规定，其封装中包含了信号转换器，以及连接、放大、过滤、激励和隔离等信号调理电路。

（3）NI CompactDAQ 平台的软件由基础硬件驱动软件和开发环境两部分组成。

基础硬件驱动软件完成 PC 和 DAQ 设备之间的通信，实现软件对硬件的控制。NI Com-pactDAQ 及几乎所有 NI DAQ 设备的硬件驱动软件都是 NI-DAQmx，适用于 NI LabVIEW 软件、NI LabWindows/CVI、Visual Studio.NET 语言和 ANSI C 开发。

在开发环境中，用户完成应用程序的二次开发。

安装有热电偶采集模块 NI-9211 的 USB 单槽机箱 cDAQ-9171 如图 9-22 所示。

将热电偶采集模块 NI-9211 从 USB 单槽机箱 cDAQ-9171 拔下的情形，如图 9-23 所示为分离的情形。

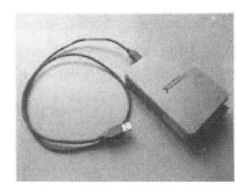

图 9-21　5 种 NI C 系列模块的外观、结构　　　图 9-22　安装有热电偶采集模块 NI-9211 的 USB 单槽机箱 cDAQ-9171

USB 单槽机箱 cDAQ-9171 的背部 4 个角上安装有 4 个橡胶软垫，用于避免振动对测量的影响，还有两个孔可以用于将其悬挂在墙面上，节省空间位置，如图 9-24 所示。

图 9-23　NI-9211 与 cDAQ-9171 分离的情形

图 9-24　USB 单槽机箱 cDAQ-9171 的背部

4. NI Single-Board RIO 机器人

下面简要介绍具有 NI sbRIO-9632 单板嵌入式控制器的 NI LabVIEW 机器人起步装置、NI sbRIO-9642 单板嵌入式控制器的功能、外观及结构。

（1）NI LabVIEW 机器人起步装置　NI LabVIEW 机器人起步装置包括 NI Single-Board RIO 嵌入式控制器、超声波传感器、编码器、电动机、电池和充电器，以及 NI LabVIEW 机器人软件模块等。NI Single-Board RIO 嵌入式控制器安装在装配机器人基座的顶部。NI Single-Board RIO 嵌入式控制器基于 NI CompactRIO 平台，它集成了实时处理器、可重复设置 FPGA、模拟和数字 I/O 模块等，用户可以通过 NIC 系列模块扩展内置模拟和数字 I/O 模块。

用户可以通过 NI LabVIEW 机器人软件模块或 NI LabVIEW 机器人软件套件进行机器人软件系统等的设计与开发。

具有 NI sbRIO-9632 单板嵌入式控制器的 NI LabVIEW 机器人起步装置的正面如图 9-25 所示。

具有 NI sbRIO-9632 单板嵌入式控制器的 NI LabVIEW 机器人起步装置的背面如图 9-26 所示。

具有 NI sbRIO-9632 单板嵌入式控制器的 NI LabVIEW 机器人起步装置的俯视图如图 9-27 所示。

图 9-25　具有 NI sbRIO-9632 单板嵌入式
控制器的 NI LabVIEW 机器人起步装置的正面

图 9-26　具有 NI sbRIO-9632 单板嵌入式
控制器的 NI LabVIEW 机器人起步装置的背面

NI sbRIO-9632 单板嵌入式控制器配有 AI、AO、DIO 和 FPGA；具有 400MHz 处理器，256MB 存储介质用于确定性的控制和分析；集成了可重新配置的 I/O（RIO）模块、FPGA，用于自定义的定时、在线处理和控制；具有 110 路 3.3V（TTL 容限 5V）DIO，32 路 16 位分辨率的模拟输入通道，4 路 16 位分辨率的模拟输出通道；具有 10/100BASE-T 以太网接口和 RS232 串口；电源输入范围为 DC 19～30V；工作的温度范围为−20～+55℃。

图 9-27　具有 NI sbRIO-9632 单板嵌入式控制器的 NI LabVIEW 机器人起步装置的俯视图

（2）NI sbRIO-9642 单板嵌入式控制器　NI sbRIO-9642 单板嵌入式控制器配有 DIO、AI/AO、24V DI/DO、FPGA。NI sbRIO-9642 除了具有 NI sbRIO-9632 的全部功能外，还具有 32 路工业级 24V 模拟和数字 I/O 模块。NI sbRIO-9642 单板嵌入式控制器的正面如图 9-28 所示。NI sbRIO-9642 单板嵌入式控制器的俯视图如图 9-29 所示。

图 9-28　NI sbRIO-9642 单板嵌入式控制器的正面

图 9-29　NI sbRIO-9642 单板嵌入式控制器的俯视图

9.2.4　虚拟仪器的软件系统

软件系统既负责控制硬件的工作，又负责对采集到的数据进行分析处理、显示和存储。常用的虚拟仪器系统开发语言有标准 C、C++、C#、VB.net、NI LabVIEW 等。

这里对常用的软件系统 LabVIEW、LabWindows/CVI、Measurement Studio、MAX 作简单介绍。

1. LabVIEW 软件系统

NI 公司从 1983 年开始在可视化操作的苹果计算机上进行 LabVIEW 项目的研发。

LabVIEW 是 Laboratory Virtual Instrument Engineering Workbench（实验室虚拟仪器集成环境）的缩写。

LabVIEW 是一种图形化的编程语言，也是一种图形化的虚拟仪器软件开发环境，可通过简化底层复杂性和集成来构建各种测量或控制系统所需的工具。LabVIEW 软件系统可为用户提供一个加快实现所需结果的平台，其加速了工程开发，并内置了多个工程专用的软件函数库及硬件接口、数据分析、可视化和特性共享库。用户可以以图形化的方式开发复杂的测量、测试和控制系统，也可以连接测量和控制硬件，从而实现高级分析和数据的可视化等。

LabVIEW 环境中的软件可用于以下场合。

1）信号处理、分析和连接。

2）与实时系统、FPGA 和其他部署硬件集成。

3）数据管理、记录与报告。

4）控制与仿真。

5）工具开发和验证。

6）应用发布。

2. LabWindows/CVI 软件系统

LabWindows/CVI 系统软件是一种 ANSI C 集成式开发环境，为创建测试和控制应用提供了完整的编程工具。

3. Measurement Studio 软件系统

Measurement Studio 系统软件是专为 Visual Studio. NET 编程人员创建的集成式测量方案工具。它可在 Visual Studio 中创建测试、测量和控制应用程序，并通过扩展 Microsoft. NET Framework 提高开发效率。

4. MAX 软件系统

MAX（Measurement and Automation Explorer）系统软件可以让用户即时访问硬件。借助于 MAX，用户即可确定 NI CompactDAQ 机箱和模块的安装与工作是否正常，可以仿真开发过程中使用的设备、管理网络设置、配置测量任务，甚至可以进行简单测量。

9.3 虚拟仪器创新测试平台

常用虚拟仪器创新测试平台的硬件设备包括 NI ELVIS Ⅱ创新测试平台、NI ELVIS Ⅲ创新测试平台、NI myDAQ 教学平台、NI USB-5133 数字示波器、NI VB-8012 多功能一体化仪器。

9.3.1 NI ELVIS Ⅱ创新测试平台

1. 性能简介

NI ELVIS Ⅱ创新测试平台集成 8 路差分输入（或 16 路单端输入）模拟数据采集通道（最高采样率为 1.25MS/s）、24 路数字 I/O 通道，以及 12 款非常常用的仪器（包括 100MS/s 示波器、数字万用表、函数发生器等）。NI ELVIS Ⅱ 可通过 USB 连接 PC，连接简单，便于调试；具有很好的健壮性，可降低实验室资产损耗。具体功能、接口和 12 款常用仪器前面板分别如图 9-30～图 9-32 所示。

NI ELVIS Ⅱ创新测试平台的主要特点如下。

1）用户可基于标准配置中的面包板搭建各种数字与模拟电路，并用平台中已经集成的仪器及软面板进行试验。

2）结合 NI Multisim 软件可以进行电路仿真，并可通过该软件快速比对仿真结果和实际搭建电路的测试结果。

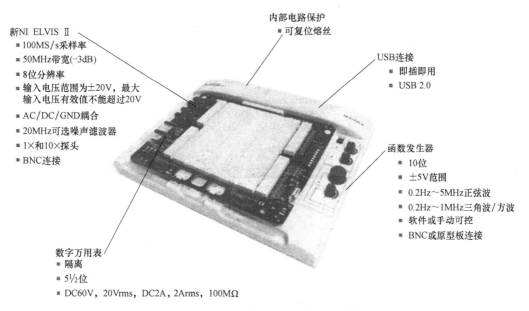

内部电路保护
■ 可复位熔丝

新NI ELVIS Ⅱ
■ 100MS/s采样率
■ 50MHz带宽(-3dB)
■ 8位分辨率
■ 输入电压范围为±20V，最大输入电压有效值不能超过20V
■ AC/DC/GND耦合
■ 20MHz可选噪声滤波器
■ 1×和10×探头
■ BNC连接

USB连接
■ 即插即用
■ USB 2.0

函数发生器
■ 10位
■ ±5V范围
■ 0.2Hz～5MHz正弦波
■ 0.2Hz～1MHz三角波/方波
■ 软件或手动可控
■ BNC或原型板连接

数字万用表
■ 隔离
■ $5\frac{1}{2}$位
■ DC60V，20Vrms，DC2A，2Arms，100MΩ

图 9-30　NI ELVIS Ⅱ 所提供的仪器功能

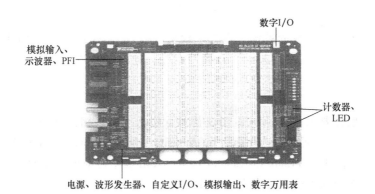

数字I/O

模拟输入、示波器、PFI

计数器、LED

电源、波形发生器、自定义I/O、模拟输出、数字万用表

图 9-31　NI ELVIS Ⅱ 自带原型板所提供的各种 I/O 接口

3）支持连接多种传感器及执行机构。

4）用户可选择第三方提供的现成电路板实现各种不同的测试方法。

5）使用现成软件实现不同的仪器功能，用户也可以通过 LabVIEW 编程实现自定义的数据处理、显示、存储等目的，或者开发针对专业课程的相应测试软件程序。

2. 平台测试

（1）软件安装　包括常用软件 LabVIEW 的安装、Multisim 的安装、NI ELVISmx 的安装。

（2）NI ELVIS Ⅱ工作站硬件连接与配置

1）连接电源组件到 NI ELVIS Ⅱ工作站，然后将插头插入壁装插座。

2）使用 USB 线缆连接至计算机。

3）打开 NI ELVIS Ⅱ工作站，保证两个电源开关都打开，NI ELVIS Ⅱ才能正常工作。

4）打开配置管理软件界面。

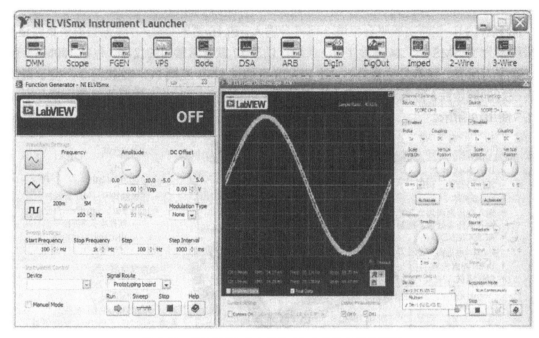

图 9-32　NI ELVIS Ⅱ 自带的 12 款常用仪器前面板

5）双击软件界面的"我的系统"中的"设备和接口"，找到 NI ELVIS Ⅱ 工作站硬件图标，使用鼠标右键单击该设备，选择"自检"命令，通过自检查看硬件工作站是否处于正常工作状态。

3. 创建任务

1）根据任务硬件要求在 NI ELVIS Ⅱ 的原型面包板上搭接相关电路。

2）选择开始→所有程序→National Instruments→NI ELVISmx→NI ELVISmx Instrument Launcher 选项。单击 NI ELVISmx Instrument Launcher 界面中对应的仪器面板图标。

3）在弹出的对应仪器前面板中进行参数配置。

4）单击"Run"按钮，查看对应软件仪器面板和硬件电路相关运行效果。

9.3.2　NI ELVIS Ⅲ 创新测试平台

1. 性能简介

NI ELVIS Ⅲ 集成了常见的 7 种工业级仪器，包括四通道 100MS/s 示波器、数字万用表、双通道 100MS/s 函数发生器、±15V 程控电源、16 通道逻辑分析仪等，如图 9-33 所示。

为了更好地支持教学，引入了互联网平台开发理念，NI ELVIS Ⅲ 不仅支持通过 USB 连接 PC，而且支持 WiFi 与以太网等多种连接方式，可直接通过网页访问，通过 PC、手机、平板电脑等移动终端直接调用仪器，适用于远程虚拟仿真教学场景，便于调试，支持多用户同时访问，

图 9-33　NI ELVIS Ⅲ 多功能教学平台

体现测试项目的团队合作性。

NI ELVIS Ⅲ硬件平台可以与 Multisim、Multisim Live 电路仿真平台联合调试，利用该平台直接对比仿真结果与真实电路测量结果；NI ELVIS Ⅲ的仪器资源以及 I/O 资源可直接通过 NI LabVIEW 软件编程开发，以帮助用户实现自动化的电路控制与测试系统，大大提高了测试效率。同时 NI ELVIS Ⅲ也对其他常用软件与编程环境保持兼容，支持通过 C 语言、Python 语言编程，支持导入 MATLAB 及 Simulink 模型。

NI ELVIS Ⅲ虚拟仪器平台的主要性能指标如下。

1）4 通道 100MS/s 示波器，14 位分辨率，50MHz 带宽。

2）双通道 100MS/s 信号发生器，14 位分辨率，15MHz 带宽。

3）16 通道 LA/PG 逻辑分析仪。

4）4 位半数字万用表。

5）±15V 可编程电源，最大电流为 500mA。

6）集成 Zynq-7020 系列 FPGA，采用 RIO 架构技术，支持图形化系统编程。

7）16 通道模拟采集，1MS/s 采样率，16 位分辨率。

8）4 通道模拟输出，1.6MS/s 采样率，16 位分辨率。

9）40 通道数字输入/输出模块。

10）内置 200MB 存储空间，原装驱动器，开机自动安装。

11）支持通过 LabVIEW 图形化编程语言开发。

12）支持 C、Python、Mathworks 系列软件（MATLAB、Simulink）。

13）支持 Multisim Live，支持基于常用浏览器的仪表调用。

NI ELVIS Ⅲ是一个多学科测试平台，结合 NI LabVIEW 以及不同的插板可完成电子电路控制、通信、嵌入式设计等测试工作，同时基于 NI ELVIS Ⅲ的硬件资源和 LabVIEW 软件的强大功能，在课程设计等教学环节中可结合不同学科背景，使读者活学活用，符合当今宽口径人才培养的教学改革思路。NI ELVIS Ⅲ教学解决方案如图 9-34 所示。

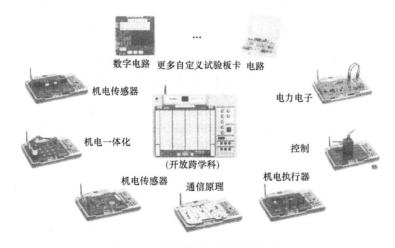

图 9-34　NI ELVIS Ⅲ教学解决方案

2. 平台测试

1）确保 NI ELVIS Ⅲ工作站的电源开关已关闭。

2）连接电源。

3）根据以下内容连接 WiFi 无线和（或）相关电缆：对于没有网络访问或编程的软前面板的初始配置和启动，可从通过 USB 连接到设备开始；对于以太网连接配置，可从通过以太网连接到设备开始；对于无线连接配置，可从通过无线网络连接到设备开始。

4）将电源插入墙上插座，然后打开 NI ELVIS Ⅲ 的电源按钮。

5）确保工作站上的应用电源按钮已关闭，电源按钮中的集成 LED 灯不应亮起。

6）安装 NI ELVIS Ⅲ 原型面板（或兼容的应用面板）。

7）使用两个 M4 安装螺钉将 NI NELVIS Ⅲ 原型板固定到工作站上。

8）打开工作站上的应用面板电源按钮，电源按钮中的集成 LED 灯应亮起，原型开发板上的 4 个固定用户电源 LED 灯也应点亮。

9）将电缆的 Type-C 端连接到 NI ELVIS Ⅲ 后部的 USB 口。

10）将 USB 电缆的另一端连接到主机。如果连接成功，则可以在 NI ELVIS Ⅲ 的 OLED 显示屏上看到 USB 连接的 IP 地址；按住 NT ELVIS Ⅲ 工作站左侧的用户可编程按钮，直到打开显示屏，USB 连接的 IP 地址显示在图标后面。

3. 创建任务

1）在 LabVIEW 启动界面中单击 "Create New Project" 按钮，如图 9-35 所示。

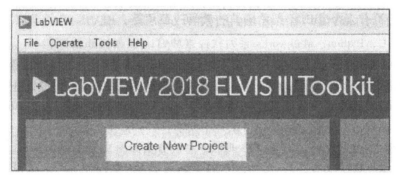

图 9-35 单击 Create New Project 按钮

2）在打开的 "Create Project" 对话框中，选择 "Templates" 中的 "NI ELVIS Ⅲ"。

3）在右边的项目列表中选择 "NI ELVIS Ⅲ Project"，如图 9-36 所示。

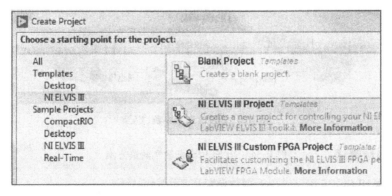

图 9-36 选择 NI ELVIS Ⅲ Project

4）在新项目中单击"Next"按钮。

5）在"Project Name"中输入"My First ELVIS Ⅲ Application"。

6）在项目路径中输入该项目的文件路径。

7）在目标选项中，选择"NI ELVIS Ⅲ"。

8）单击"Finish"按钮。LabVIEW 保存项目并打开"Project Explorer"窗口。

9）查看创建的 NI ELVIS Ⅲ项目下的文件目录，可以看到 Main. vi，如图 9-37 所示。

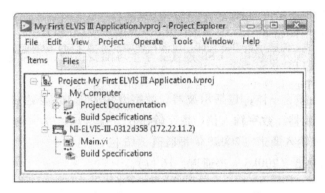

图 9-37　创建的 NI ELVIS Ⅲ项目下的文件目录

9.3.3　NI myDAQ 教学平台

1. 性能简介

如图 9-38 所示，不同于一般的 USB 便携式数据采集设备，NI myDAQ 是为工程类专业学生量身定制的，是可以帮助学生在任何时间、任何地点进行工程创新实践的创新教学实践

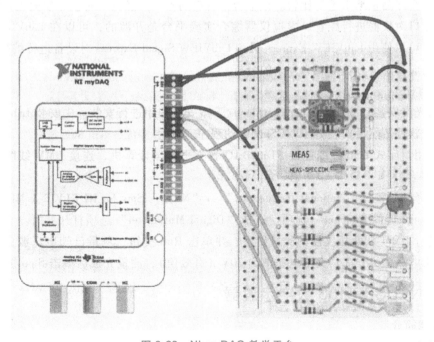

图 9-38　NI myDAQ 教学平台

平台。与 NI ELVIS 相似，NI myDAQ 可同时与电路设计软件 Multisim 和图形化系统设计环境 LabVIEW 无缝集成。NI myDAQ 能够让学生将多个学科的知识相互融合，并进行创新实践。学生只要有计算机，就可以通过 USB 连接 NI myDAQ 来实现多种仪器和电源等的功能，同时 NI myDAQ 教学平台又有足够的开放性，非常适合帮助学生完成各种动手实践、设计型实验或开展基于项目的学生科技创新活动，有助于提高学生的动手能力和解决实际问题的能力，使学生具备"系统级"设计的能力，同时充分发挥学生的创造性，更好地适应教学改革的要求和卓越工程师的培养目标。

该平台主要性能特点如下。

1）小巧便携，无须外部供电，USB 连接，学生可随身携带，非常适合随时随地进行创新实践。

2）8 种硬件仪器集于一体，包括示波器、数字万用表、波形发生器、波特图仪、动态信号分析仪、函数发生器、数字输入仪、数字输出仪。

3）2 个差分模拟输入通道（200kS/s 每通道，16 位）。

4）两通道模拟输出（200kS/s 每通道，16 位）。

5）两通道音频接口（一输入、一输出，3.5mm 插孔）

6）8 个数字输入和输出模块。

7）±15V 电源输出。

8）I/O 部分电路采用特别设计，即使连线错误，一般也不会损坏数据采集硬件。

2. 平台测试

平台通过 USB 连接 PC，连接简单，便于调试。该平台支持 Multisim 对电路行为和交互式电路建模进行学习，在 Multisim 环境中可以使用虚拟仪器综合实验平台仪器，通过鼠标单击将仿真与实际测量结果进行比较。该平台带有启动器，可访问 8 种仪器软面板，能够提供交互式的接口对仪器进行配置。虚拟仪器综合实验平台是开源的，可以在 LabVIEW 中进行定制，同时可以使用 LabVIEW Express VI 和 LabVIEW Signal Express 对设备进行编程，对采集到的数据完成自定义分析及更为复杂的分析。

3. 创建任务

1）从光盘安装，或从 ni.com/downloads 下载安装程序进行安装。先安装 LabVIEW 等应用程序开发软件，然后安装 NI ELVISmx 驱动程序。

2）使用封闭式 USB 线缆连接 NI myDAQ 教学平台至计算机，连接 DMM 线缆到 NI my-DAQ 教学平台。

3）选择开始程序"National Instruments"→"NI ELVISmx for NI ELVIS & NI myDAQ NI ELVISmx Instrument Launcher"选项，选择"Digital Multimeter"选项打开界面。

4）进行 DMM 软面板仪器的测量设置，并单击 Run 按钮，测量已知电压源的电压，最大测量直流电压值为 60V，交流电压值为 20V（有效值），测量完成后单击 Stop 按钮。

9.3.4 NI USB-5133 数字示波器

1. 性能简介

如图 9-39 所示，NI USB-5133 数字示波器具有两个通道，成本低，采样率高达 100MS/s，

图 9-39　NI USB-5133 数字示波器

提供了灵活的耦合、阻抗、电压范围和滤波设置。示波器仪器还具有多个触发模式和一个具有数据流及分析功能的仪器驱动程序。

2. 平台测试

1）一般刚买的 USB-5133 包括一些辅助附件，包括橡胶垫、指导节和驱动盘。

2）取出橡胶垫，对其进行检测后粘贴到示波器盒体的配套位置。

3）取出光盘后，放入计算机的光驱中，然后刷新一下，通过鼠标右键菜单复制光盘中的文件到本地磁盘，然后进行安装。

4）以上准备完毕后，将示波器和 PC 通过 USB 串口连接，需要查看指示灯是否亮起。

5）以上步骤顺利完成后，打开"设备管理器"：如果能够单独看到 NI 的设备栏，则打开即可查看到插入的设备。如果能够看到，则说明连接成功。

6）也可以打开 NI MAX，直接在设备和接口中查看插入的设备名称，单击"设备"选项就可以查看测试面板，表明可以直接使用了。

9.3.5　NI VB-8012 多功能一体化仪器

1. 性能简介

如图 9-40 所示，NI VB-8012 是 NI 的一款多功能一体式仪器，通过将示波器、信号源、电源、逻辑分析仪、万用表等多种仪器放在一起，利用虚拟仪器技术，可以通过无线、USB等方式与计算机或者平板电脑进行互联。该仪器通过节省公共的电源、显示器等零部件，进一步降低成本。

基于虚拟仪器的技术，该仪器软件方面的功能可以非常丰富，并可以得到不断的维护升级。软件的波形显示和控制界面非常美观，深受年轻用户喜爱。同时软件具有很多功能，而且非常人性化，比如通过一键保存采集到的信号波形和文件，可方便后续分析，此外还具有放大和缩小波形的功能等。

与此同时，该设备还支持 LabVIEW 编程，可以利用 LabVIEW 控制 VirtualBench 中丰富的仪器资源，开发定制出一款特色的仪器，对于学生理解自动化测量仪器、非标准仪器等知识有帮助，更利于学生深入理解仪器设备的原理。

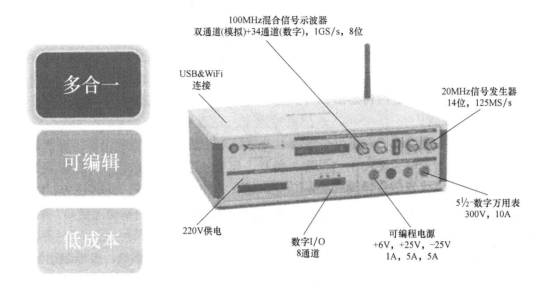

图 9-40　NI VB-8012 多功能一体式仪器

2. 平台测试

1）连接电源线，然后将 NI VB-8012 多功能一体化仪器连接到计算机的 USB 端口。

2）浏览计算机，并双击"NI VirtualBench"，运行"VirtualBenchLauncher. exe"（如果启用 Windows 自动播放功能，则 VirtualBench 应用程序将自动运行）。

3）将抓钩和接地导线连接至示波器探头上，然后将探头连接至 CH1。

4）将示波器探头滑动开关设为 1×。

5）单击"自动"按钮，配置示波器对探头补偿标签生成的 5V、1kHz 方波进行可视化。

9.3.6　LabVIEW 虚拟仪器的应用和开发

通过几个例子来说明虚拟仪器的应用和开发。

1. 信号发生器

图 9-41 给出了一个双通道信号发生器的前面板设计。该信号发生器可产生方波、正弦波和三角波信号，信号的频率可以调节。信号发生器具有加时窗口和频谱分析功能。用户可以选择添加不同的时窗函数。用此信号发生器用户可以方便地观察时窗函数对信号波形和频谱的影响。

2. 频谱分析仪

图 9-42 给出了频谱分析仪的前面板设计。信号经过快速傅里叶变换，其频谱可以在示波器上显示，然后还可以提取频谱中的某一部分进行细化，从而得到更精确的频谱图。

3. 温度监控系统

图 9-43 给出了一个温度监控系统的前面板设计。该系统设有温度上、下限报警，当温度超过允许范围时，系统就会自动报警并自动调节。而且系统还能对历史数据进行统计分析，如均值、标准差、直方图等。

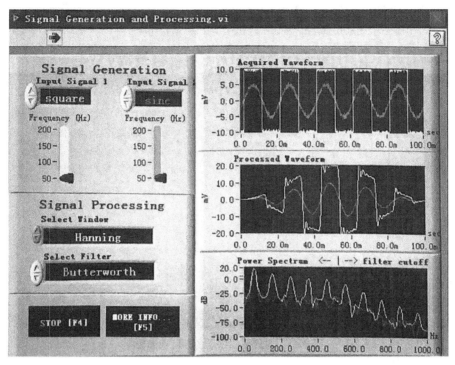

图 9-41 双通道信号发生器的前面板设计

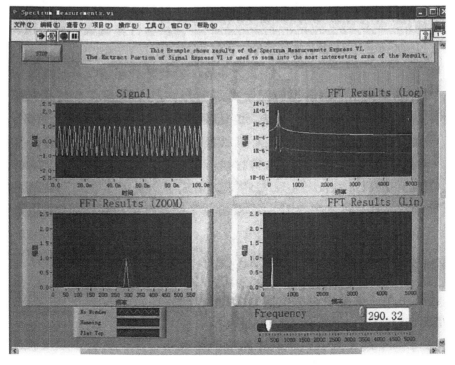

图 9-42 频谱分析仪的前面板设计

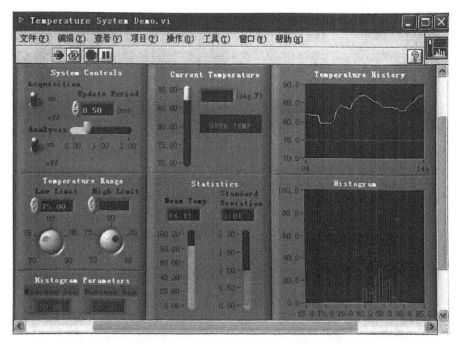

图 9-43　温度监控系统的前面板设计

参 考 文 献

[1] 杨建风，徐红兵，王春艳，等. 几何量公差与检测实验教程［M］. 镇江：江苏大学出版社，2015.
[2] 李敏. 精密测量与逆向工程［M］. 北京：电子工业出版社，2014.
[3] 刘忠伟. 公差配合与测量技术实训［M］. 北京：国防工业出版社，2007.
[4] 徐红兵，王亚元，杨建风. 几何量公差与检测实验指导书［M］. 2 版. 北京：化学工业出版社，2012.
[5] 王树逵，叶旭明，杨舒宇. 机械加工实用检验技术［M］. 北京：清华大学出版社，2019.
[6] 张洪鑫，赵汗青，乔玉晶. 机械工程测试与信息处理［M］. 2 版. 哈尔滨：哈尔滨工程大学出版社，2011.
[7] 孟兆新，马惠萍. 机械精度设计基础［M］. 3 版. 北京：科学出版社，2012.
[8] 张宁，沈湘衡. 光电经纬仪跟踪测量性能室内检测技术［M］. 长春：吉林大学出版社，2020.
[9] 喻彩丽. 材料性能与智能制造综合实验教程［M］. 北京：机械工业出版社，2021.
[10] 甘永立. 几何量公差与检测实验指导书［M］. 6 版. 上海：上海科学技术出版社，2009.
[11] 付风岚，丁国平，刘宁. 公差与检测技术实践教程［M］. 北京：科学出版社，2006.
[12] 陈保家. 机械工程测试技术及应用［M］. 北京：中国水利水电出版社，2019.
[13] 徐汉斌，李如强. 测试技术实践［M］. 武汉：武汉理工大学出版社，2010.
[14] 李玉甫，王国滨. 互换性与测量技术基础实验指导书［M］. 哈尔滨：哈尔滨工业大学出版社，2019.
[15] 梁荣. 公差与检测技术实验［M］. 北京：机械工业出版社，2015.
[16] 重庆大学精密测试实验室. 互换性与技术测量实验指导书［M］. 北京：中国质检出版社，2011.
[17] 上海市计量测试技术研究院. 长度计量［M］. 北京：中国计量出版社，2007.
[18] 杨练根. 互换性与技术测量学习与实验指导［M］. 武汉：华中科技大学出版社，2013.